スピン流は
科学を書き換える

齊藤英治
Saitoh Eiji

インターナショナル新書　150

目次

はじめに

本書のテーマは、「スピン流」です。

読者の方々にとって、初めて聞く言葉かもしれません。

私たちは日常的に電気を使っています。電気の流れ、つまり電流とは、電子というとても小さな、大きさすらない粒子が持つ電気的な性質、電荷の流れのことをさします。私たちはこの電荷の性質を電気として利用してきましたが、電子にはもう一つ「スピン」という性質があります。

スピンは「自転のようなもの」であり、その回転の量にともなって磁石の源となる磁気を産み出します。そして、電子が持つ電荷の流れが電流であるのに対し、スピンもまたある条件のもとで流すことができ、その流れをスピン流といいます。

電気機器やエレクトロニクスの発展からもわかるように、電気や電流は古くから研究され、身近な家電から通信、乗り物にいたるまで、人類の文明に広く利用されてきました。

それに対して、スピンという概念は、量子力学が確立していく中でおのずと浮上してきたもので、その存在が知られるようになったのは、およそ100年前のことです。電荷の流れである電流があるのなら、スピンの流れであるスピン流もあるのではないかと考えられていたものの、それはあまりにも微細な効果であって、1ミリメートルの何百～何千分の1ほどのとても短い距離で減衰してしまうはずだと予想されてきました。それゆえ、何か使い道があるとは考えられていなかったと同時に、そもそも実験で追跡できるだけの技術もないため、長きにわたりほとんど無視されてきました。

20世紀の前半、アインシュタインが相対論を発表し、量子力学が誕生した「物理帝国」とも呼ばれた活況時代は、構築した理論を実験によって実証しようと思っても、技術的に不可能なケースが数多くありました。そのため、思考実験とともに数多くの理論が見つけ出され、最近になってようやく実証されたものも少なくありません。つまり、基本概念については、アインシュタインらの時代にかなり掘り起こし尽くされ、今では新たな発見は難易度が高くなってきています。筆者は幸運にも、スピン流という、ほとんど誰も着手していなかった分野にめぐり合えましたが、このようなケースは稀かもしれません。

スピン流を計測し、制御するためには、1990年前後から始まるナノテクノロジーの発展を待たなければならなかったのです。ナノテクノロジーは「ナノメートル＝10億分の1メートル」という、原子や分子を1個1個扱うほどの微細な技術分野であり、現在では私たちが日常的に使うパソコンやスマホのエレクトロニクスなどにも広く実用化され、成熟の域に達しています。

私たちの生活に欠かすことができないエレクトロニクスは、間もなく極限の性能に近づくだろうといわれています。エレクトロニクスは電子が持つ二つの性質、電荷とスピンのうち電荷を利用した技術であり、スピンを利用した技術はスピントロニクスと呼ばれています。スピントロニクスは、スピンとエレクトロニクスから生まれた造語です。電子が持つ電荷とスピンという二つの性質のうち、スピンを工学的に利用しようというもので、その一部はすでにハードディスクの読み取りヘッドなどに応用され、すでに私たちの生活の中に溶け込んでいます。

さらにその先に位置するのが、スピンという「自転のようなもの」が持つ回転量と、それがつくり出す磁気の流れであるスピン流です。

筆者は高校時代、勉強よりも音楽に夢中で、作曲をしたりピアノを弾いてばかりの音楽三昧な日々を過ごしていたものです。

そんな筆者が物理学に興味を持ったきっかけは、とある高校生向けの物理の本と出会ったことです。そこには、世界は複雑に見えるけれども、ほんの少しの原理で成り立っている。したがって、たくさんの公式を記憶する必要はない。基礎となる根本原理さえ知っていれば、あとは論理的な構成力と数学力を駆使することで、全ての公式を導き出すことができる、といった意味合いのことが書かれていました。実際、その通りで、物理学は根本原理が非常に少なく、シンプルで美しいのです。

その後、筆者は東京大学に進学し、大学院で十倉好紀《とくらよしのり》教授の研究室に入りました。十倉先生は絶大な指導力を持つ教授で、非常にエネルギッシュな方です。十倉研究室は「強相関電子系」という領域を専門としており、筆者もその分野の研究で博士号を取得し、研究者の道を選びました。研究者の道に進んだ理由は、研究をやってみて楽しかったこともありますが、子どもの頃自宅の近くに住んでいた大学教授やNHKの科学番組を見て、「大学教員、科学者は楽しい人生を送っているなぁ」と思ったことも大きな要因でした。

さて、筆者とスピン流との出会いは、20年ほど前にさかのぼります。東京大学大学院の博士課程を修了した筆者は、２００１年に慶應義塾大学理工学部物理学科の宮島英紀研究室の助手になりました。この研究室では、ナノテクノロジーと磁性に関する研究、つまり今でいうスピントロニクスの研究をしていたのですが、当時はまだこうした呼び名すらありませんでした。

筆者が助手になって2〜3年が経った頃のこと。オランダのバート・ヴァン・ウィーズ博士のグループが、スピン流が背後にある現象としか思えない、「非局所磁気抵抗効果」という現象を見つけたとする論文を発表しました。一言で要約するなら、電流を流すための電圧と同様に、スピン流を流すためのスピン圧というものが空間的にあって、それが分布していることを示した成果です。その実験結果は著者にスピン流の存在を示唆するものとして映り、強い衝撃を受け、スピン流に真剣に取り組んでいかなければならないという転機になりました。

筆者がこのニュースに触れて真っ先に気付いたことは、「スピン流を制御するために必要な、スピン流に関する物質中の物理法則がまったく確立されていない」ということでした。「ここに、自分が新たな学問を開拓できる領域がある！」と直感しました。当時の筆者は研究者となって2〜3年目の意気盛んな頃であったため、「何か大きなことをやってやろう」という気概に満ちていました。また幸運なことに、研究室を見回せば、やる気にあふれた優秀な学生が数多くいます。こうして「スピン流に関する物質中の新しい物理原理を発見し、確立する」という壮大な挑戦が始まりました。

当時、スピン流に関する研究はほとんど進められていなかったことから、基礎的な概念の多くを筆者の研究室でつくることができ、スピン流に関する現象の多くを筆者の研究室をはじめ、わが国の研究者が中心となって実証してきました。したがって、その多くが世界初となります。国内外ともに、スピン流の研究は始まってまだ間もないのですが、目ざましい発展を遂げています。さらには、その現象の数々を応用することも現実の視野に入ってきました。

本書では、専門書さえまだ少ないこの新領域を、できる限り平易に、しかし重要なポイントは押さえて解説するべく腐心しました。

科学の新しい領域、スピン流の世界を紹介していきましょう。

第1章　スピンとは何か

スピンの基礎知識

本著書のメインテーマは**スピン流**ですが、スピン流について語る前に、そもそもスピンとは何か、スピンの性質を担っている電子とは何かなど、基本的な説明から始めることにしましょう。

物質をかたちづくる原子は、原子核と電子でできています（図1-1）。電子は「はじめに」で触れたように（マイナスの）**電荷**と**スピン**という二つの性質を持っています。電荷は電気の性質を、スピンは**回転量**、正しくいうと**角運動量**の性質を担っています。

電荷というのは、電気の量のことであり、電子はマイナスの電荷を持っています。一方、スピンとは、まずは「自転のようなもの」と思ってください（図1-2）。実は、電子だけでなく原子核にもスピンの性質はありますが、通常、単にスピンといえば電子のスピンのことをさし、原子核のスピンは特に核スピンと呼ぶなど、区別をしています。

電流、つまり電子が流れることによって磁場がつくられることが知られています。同じように、スピンは電荷を持つ電子が回転しているため、そこに渦電流、つまり円環状に電気が流れていることになり、磁気をつくります。ちなみに、磁石が持つ力を「**磁気**」、磁気が及んでいる空間の性質を「**磁場**」あるいは「**磁界**」といいます。スピンは「自転」の

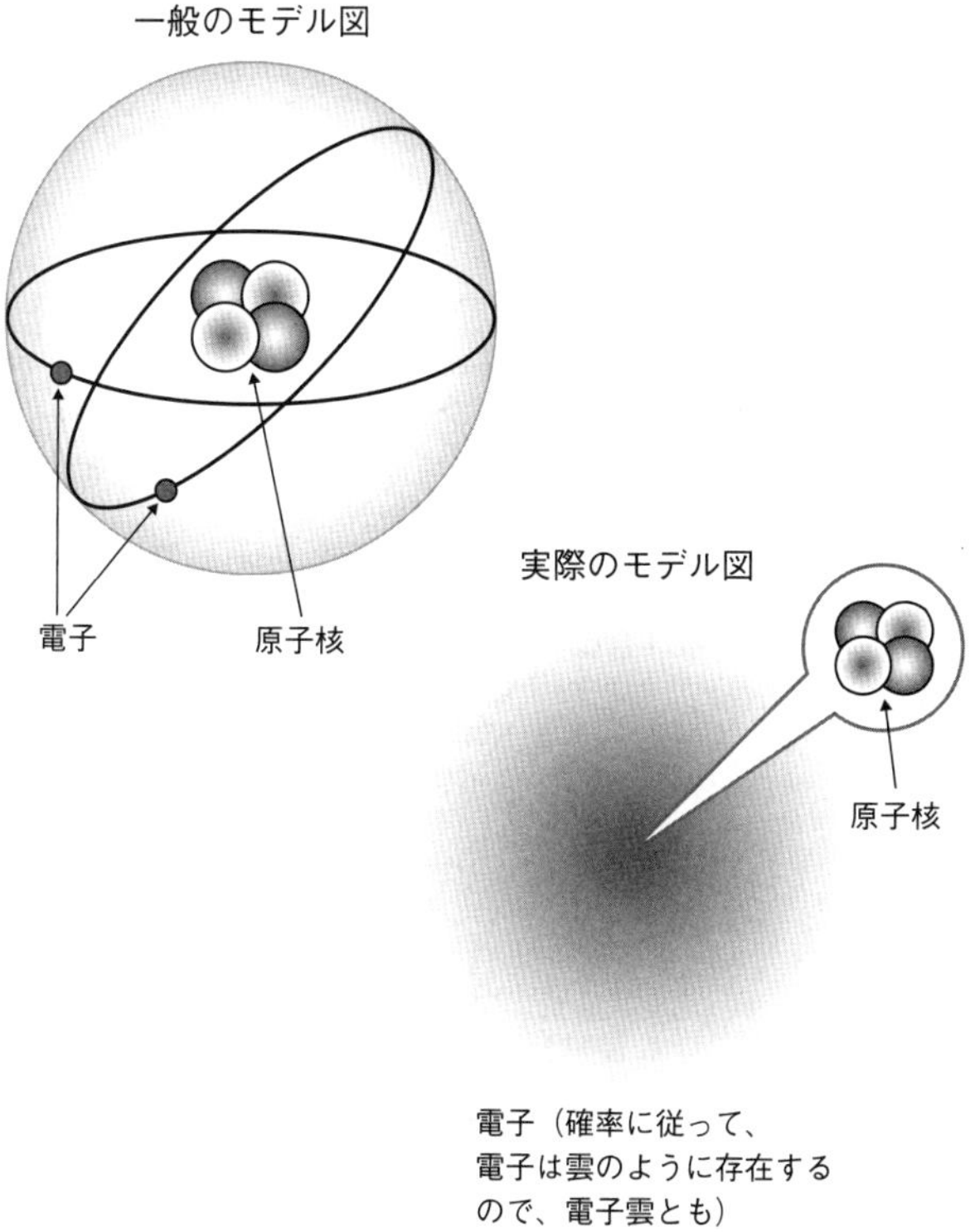

図1-1 原子の構造
原子核は陽子と中性子でできた原子核と、その周囲を回る電子でできている。左上図のように電子が円を描いて直線的に周回するモデルを教わったかもしれないが、実際には、電子は右下図のように原子核の周囲で雲状になっている。量子力学では電子はどこに位置しているか不確定なので、広い空間で、ある確率で存在しているとするためである。
なお、原子核の大きさも実際とは異なり、原子の大きさが野球場であるなら、原子核はボールくらいの大きさしかない。なお、原子の大きさは元素によって異なるが、大まかに0.1nm（nm:ナノメートル=10億分の1メートル）ほど。

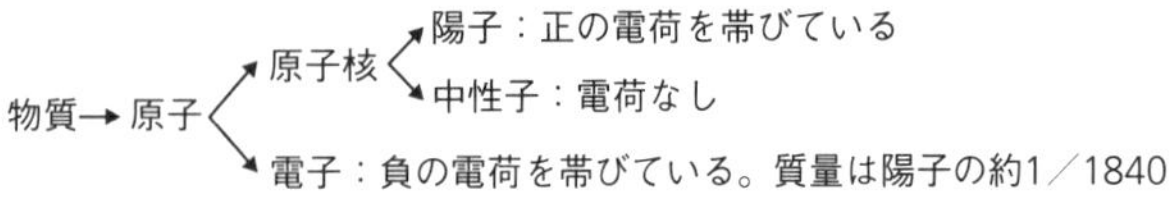

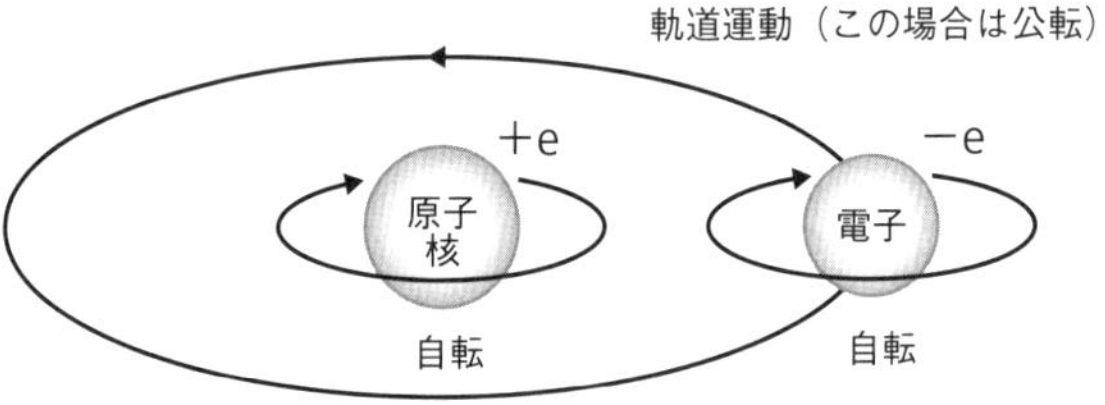

図1-2 原子に見る「自転」と「公転」
原子核を太陽、電子を地球のように考えればイメージしやすい。
電子は「自転」をしながら、原子核の周囲を「公転」しているような状態。
中心にある原子核もまた「自転」をしている。

方向によって、右回転なら**アップスピン**、左回転なら**ダウンスピン**と呼ばれる状態のどちらかになります。アップ、ダウンは基本的には磁気の向きと考えていただいてかまいません。磁気には強さと方向がありますので「↓」を使ったベクトルで表し、それを**磁気モーメント**と呼んでいます（図1-3）。

　物質は膨大な数の原子や分子でできていて、原子は原子核と電子でできています。ところが、膨大な電子の一つひとつが磁気を持っているにもかかわらず、たいていのものには磁石の性質はありません。なぜかというと、通常の物質の中では、スピンの自転軸の向きがバラバラになっているため、全体として磁気を打ち消し合っている状態にあるからです。

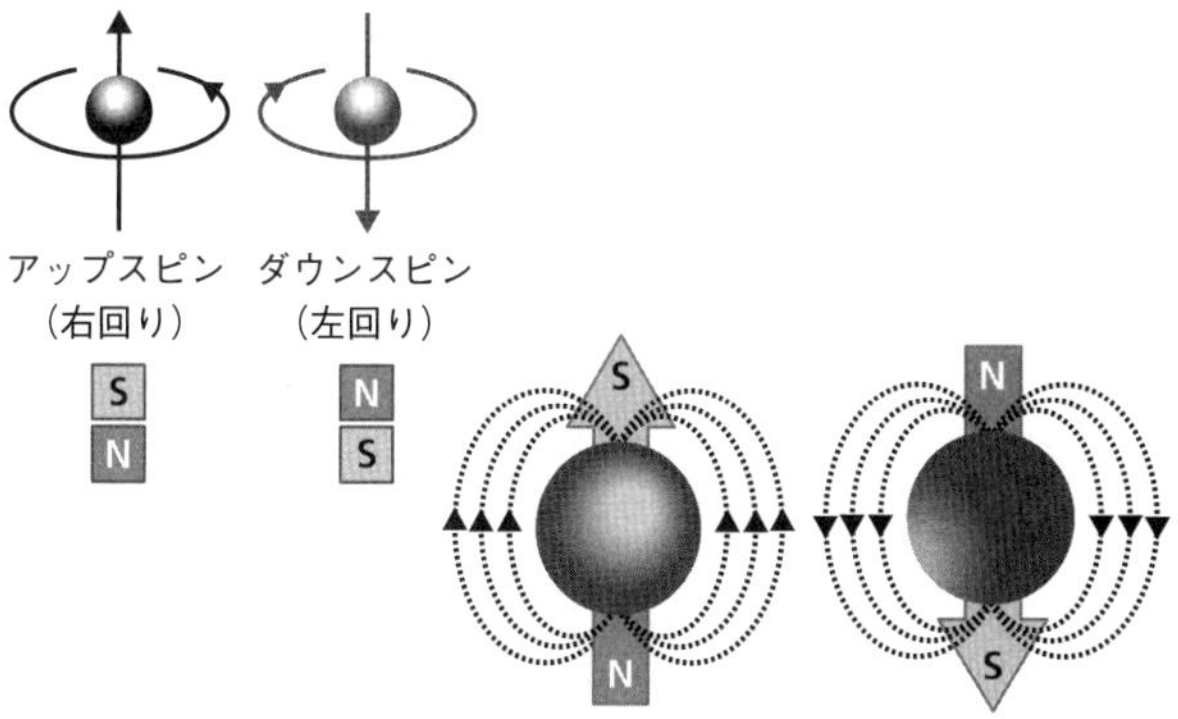

図1-3 2種類のスピン
スピンは右回りであればアップスピン、左回りであればダウンスピンと呼ばれる。磁石がS極とN極とに分かれ、このときできる磁場はN極からS極へ向かうので、それをイメージするとわかりやすい。

スピンの向きが自然に揃っていれば、大きな磁気をつくり、磁石、専門的にいうと**強磁性体**になります。

同じ回転量があったとき、同じ磁気モーメントをつくるかというと、それは物質によって違います。磁気モーメントは、だいたい「質量分の1」になります。原子核にもスピンはあるのですが、電子の重さは、原子核を構成する陽子のおよそ1836分の1と軽いにもかかわらず、電子のほうが圧倒的に大きい磁気をつくります。物質の磁気的な性質を担っているのはほとんどが電子で、原子核はそれに比べればごくわずかということになります。

スピンの発見

スピンの発見には**ナトリウムD線**と呼ばれる光の研究が貢献しました。高速道路のトンネルでは、オレンジ色に光るナトリウムランプが使われていますが、このナトリウムランプから出ている強い光がナトリウムD線です。1920年頃には、このナトリウムD線には、589・6ナノメートル、589・0ナノメートルの二つの異なる波長の光が含まれていることが知られていました。

電子は原子核の周りを「公転」するように回っていると見なせるような状態にあり、この電子の「公転」軌道は、元素によって1層目、2層目、3層目……といくつかの層をなしていて、内側からK殻、L殻、M殻、N殻……と呼ばれています。ナトリウムの場合、電子の軌道はK殻、L殻、M殻、と3層からなります。そこに、外部から光や熱のエネルギーを受けると、内側の電子が外側へ弾かれます。外側に弾かれた電子は、すぐに元の場所へ戻って落ち着きますが、その際にエネルギーを失い、その失った分のエネルギーが光として放出されます。その一つがナトリウムD線になるのですが、そうであるなら、放出される光は一つの波長に限られるはずです。なぜ、二つの波長の光が含まれているのかについては、当時盛んになっていた量子力学でも説明がつかず、何か別の理由があるのでは

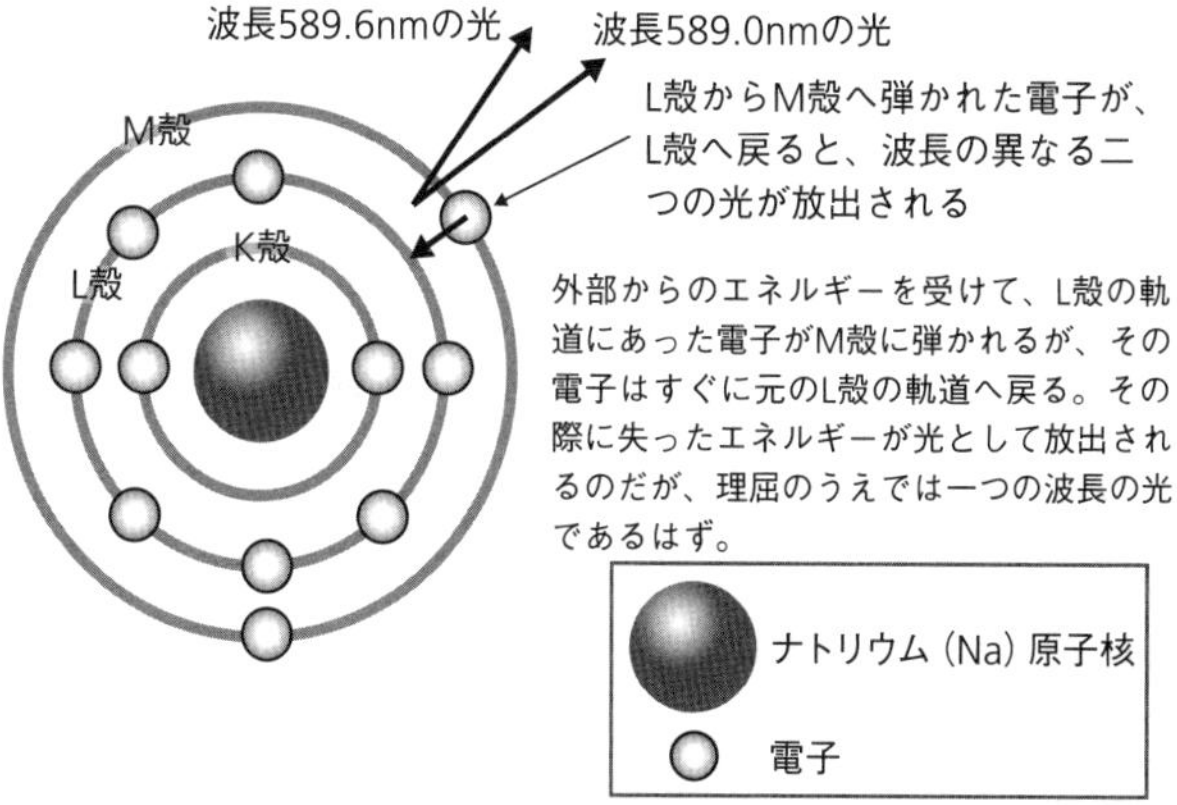
波長589.6nmの光
波長589.0nmの光
L殻からM殻へ弾かれた電子が、L殻へ戻ると、波長の異なる二つの光が放出される
M殻
L殻
K殻
外部からのエネルギーを受けて、L殻の軌道にあった電子がM殻に弾かれるが、その電子はすぐに元のL殻の軌道へ戻る。その際に失ったエネルギーが光として放出されるのだが、理屈のうえでは一つの波長の光であるはず。
ナトリウム（Na）原子核
電子

図1-4 ナトリウムD線の原理
理屈のうえでは、一つの波長の光しか放出されないはずだが、実際には、波長の異なる二種類の光が放出される。

ないかと考えられるようになりました。

この問題に対して、1925年、アメリカのジョージ・ウーレンベック（1900〜98）とサミュエル・ゴーズミット（1902〜78）は、電子が原子核の周囲を「公転」する運動とは別の運動があれば、つまり「自転」していると考えれば説明できるのではないかと考えました。彼らがその理論をまとめた論文にもとづき、この「自転」の回転量はスピンと呼ばれるようになりました。

これを図示すると**図1－5**のようになります。電子の「自転」の**スピン角運動量**と、それが原子核の周りを「公転」する**軌道角運動量**は、ともに磁気モーメントを生じます。磁

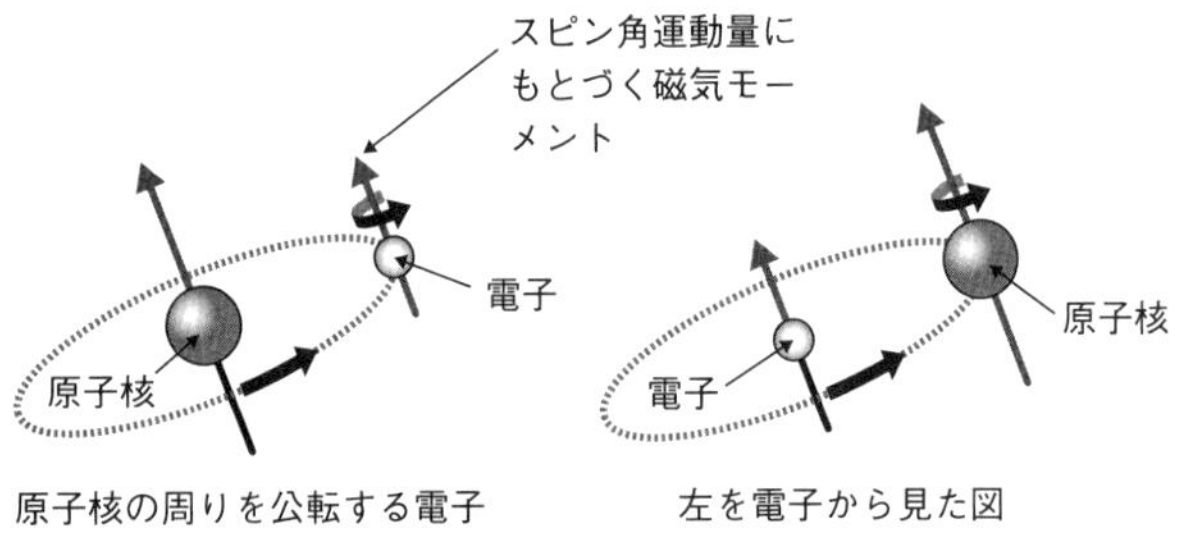

図1-5 スピン軌道相互作用
スピン角運動量による磁気モーメントと、軌道角運動量とのスピン軌道相互作用。これにより、ナトリウムD線は2種類の波長の光を発することになる。

気モーメントの方向は、回転の方向に従います。
ここで、電子が公転している状況を電子から見ると、電子の周りを原子核が回っているように見えることに注目しましょう。原子核も電荷を持っていますので、この原子核の運動は磁場をつくり、電子スピンと相互作用します。これはスピン角運動量と軌道角運動量の間の相互作用と見なすことができ、これを**スピン軌道相互作用**といい、電子が公転するときだけでなく、直線的に移動するときにも生じます。

この磁場に対してスピンの向きがアップかダウンかにより、高いエネルギー状態と低いエネルギー状態と、二つのエネルギー状態があるせいで、外側に弾かれた電子が再び元の場所へ戻る際に放出されるナトリウムD線には、二つの異なる波長の光が含まれることになるのです。

　こうして、量子力学だけでは説明のつかなかったナトリウムD線の謎は、「最後にはもうこれしかない」というスピンの概念の確立で決着がつくことになりました。

シュテルン＝ゲルラッハの実験

　ウーレンベックとゴーズミットが論文を発表する3年前となる1922年、アメリカのオットー・シュテルン（1888〜1969）とドイツのヴァルター・ゲルラッハ（1889〜1979）は、今でも量子力学の基礎として紹介される有名な実験を行っています。磁場をつくる装置の中に、水銀を加熱・蒸発させてつくった銀原子のビームを通過させるというもので、銀原子が磁気モーメント（磁気の大きさと向き）を持っているなら、磁場の影響で必ずビームが曲がるようになるはずです。

　この装置の断面は、N極では尖ったクサビ状、S極では平らにしているため、N極に近いほど磁気が強く、S極に近いほど磁気が弱くなるという、磁場が不均一な状態になっています。古典的に考えると、銀原子のビームがこの不均一な磁場の中を通過するのであれば、磁気の不均一さから磁気モーメントが力を受け、スピンがランダムであれば、上から

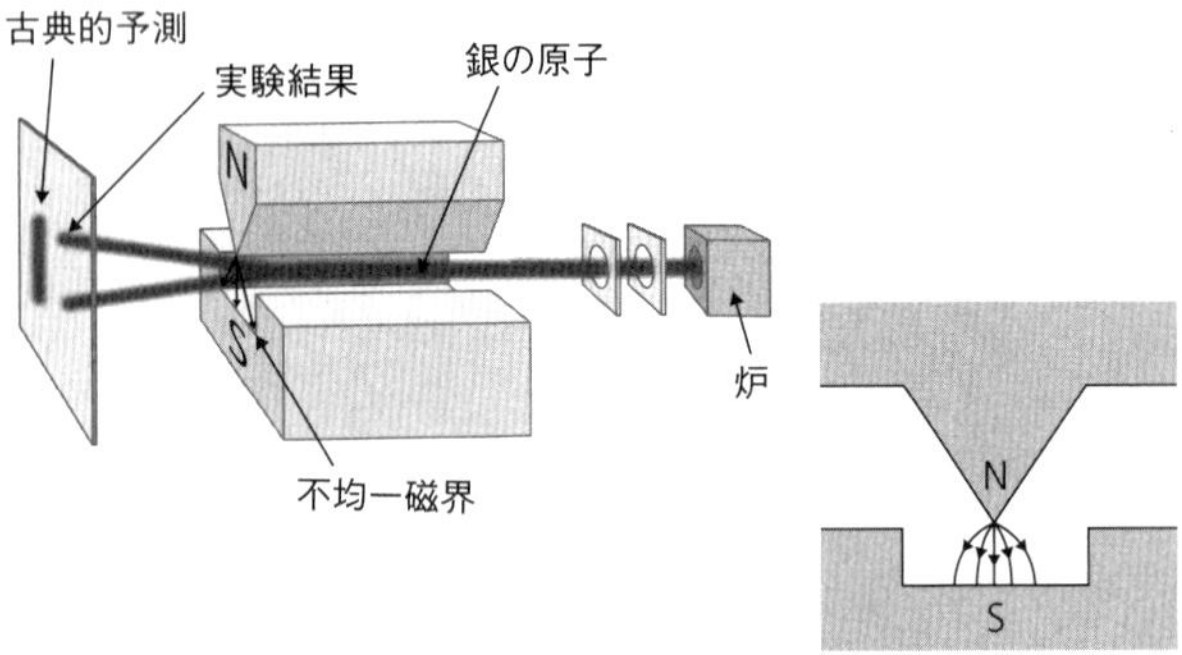

図1-6 シュテルン＝ゲルラッハの実験
銀の原子のビームを磁場に通過させるもの。右は磁場を発生させる装置の断面図。N極はクサビ状になっており、磁力線が先端に集中するようになっていて、S極では平らなので磁力線が広がる。ゆえに、磁場はN極に近いほど強く、S極に近いほど弱い。

下まで連続的に分布するかたちでスクリーンに跡を残すはずです。ところが、実際にこの実験を行うと、ビームはわずか2本に分かれます。この結果は、上向きの磁気モーメントを持つ銀原子と下向きの磁気モーメントを持つ銀原子が、磁場によって分離されたことを意味しています。この結果は、原子をかたちづくる電子には2種類の磁気モーメントがあるということで、それはアップスピンかダウンスピンの二つの状態しかないことを示唆します。

この実験は**シュテルン＝ゲルラッハの実験**と呼ばれ、スピンの理論を考える重要なヒントになりました（図1－6）。

アインシュタイン＝ド・ハース効果

さらにさかのぼって、1915年のことです。ドイツのアルベルト・アインシュタイン（1879〜1955）とオランダのヴァンデル・ド・ハース（1878〜1960）は、まったく新しい現象を発見していました。磁性体の棒を回転できるように垂直に吊り下げて、それにコイルを巻いて電流を流すと、磁性体が磁化し、回転を始めるという現象です。磁気と回転運動が結び付いていることを示す実証実験で、**アインシュタイン＝ド・ハース効果**（**磁気回転効果**）と名付けられました。アインシュタインの名前が冠された唯一の物理実験です（**図1-7**）。

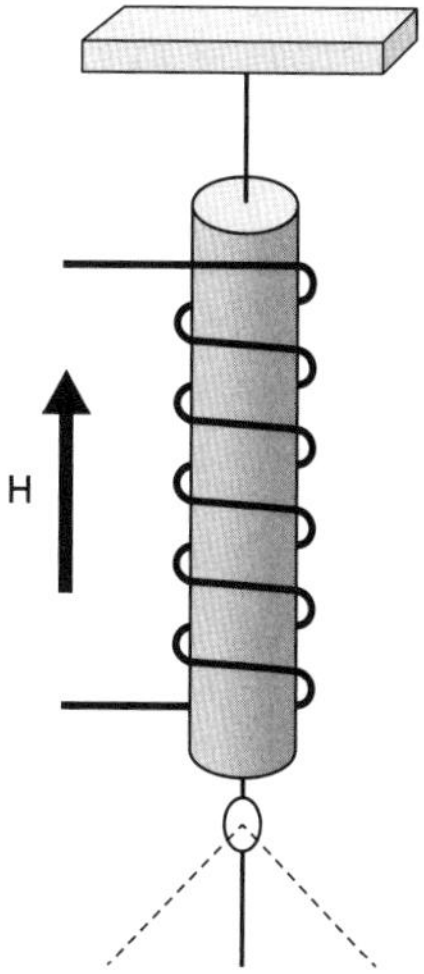

図1-7 アインシュタイン＝ド・ハース効果
磁性体の棒を垂直に吊り下げ、その周囲にコイルを巻いて電流を流すことで磁場をかけ、棒を磁化させると、棒が回転を始める。磁気と回転運動が結び付いていることを示している。

磁気を帯びた磁性体は、無

数の電子の回転方向、つまりスピンの向きが揃い、磁気モーメントが揃った状態にあるわけです。そこに磁場をかけ、電子のスピンの揃った方向を逆転させると、その反作用で逆転前のスピンと同じ方向に磁性体を回転させることになります。これはスピンというミクロな現象が、私たちが実感できるようなマクロなサイズの回転運動と互いに変換できることを示した実験です。

次元を上げれば、複雑な現象もシンプルに見える

私たちは、縦、横、高さの3次元の世界に住んでいて、この3次元の空間を当たり前のものとして認識していますが、3次元の世界に住んでいながら縦と横の2次元でしか空間を認識できない動物もいるようです。脳には空間を把握するための空間マッピングを行う部位があり、それは人間に限りません。さまざまな動物でこの空間マッピングを調べてみると、空間に関する情報が3次元で記録されているケースだけでなく、2次元の情報として記録されていると考えられるケースもあるようです。

たとえば、仮に人間が2次元しか認識できないとします。そして、ある人が歩いていて、その進行方向に山があったとしましょう。その人は高さを認識できませんので、山という

概念自体を理解できません。そのため、山に踏み込んでさらに歩き続けていくと、「なんだか歩くのに力がいるうえ、進み方によって時間に差が生じたり、進んだ距離が変わったりするから、何か不思議な力が働いているのだろうか？」と感じるようになるでしょう。

もし、2次元しか認識できないこの人が物理法則をつくるとなると、平面の世界で働く不思議な力を表現しようとするため、数式は複雑なものになってしまうはずです。ところが、この人が一つ次元を上げて3次元でものごとを考えることができるようになれば、事態は一変します。「そこには高さというものがあるのではないか。高さがあるのなら、歩くためにより大きな力が必要になることも当然だ。斜面の角度によって縦横方向へ移動する時間が変わるはずだし、高さの分の距離も含まれるのだから、10メートル歩いたはずなのに、自分が認識できる縦横方向には10メートル分移動していないということも当たり前」と考えられるようになります。

3次元的に山というものを想定できれば、山の反対側へ行こうとするとき、山を越えるか、迂回するかというコースの選択が広がりますし、その経路によって、実際に歩く距離や消費するエネルギーが異なってくるのだと容易に想像できます。

もう一つ、面白い例があります。回転しているものの上で物体が移動するとき、進行方向と垂直に力を受けます。これを**コリオリ力**と呼んでいます。地球も自転しているため、地表でコリオリ力の影響から逃れることはできません。天気予報で台風の風の向きを見ると、台風の風はコリオリ力によって曲線を描きながら渦を巻いているように見えないでしょうか。2次元の画像上で考えると、曲線を描く不思議な力です。ところが、宇宙から地球を眺めれば、風の向きに不思議などないことがわかります。なぜかというと、2次元の画面上で見るから台風の風は曲線を描いているだけで、3次元で見ることができれば、台風の風は回転する球体、つまり地球上をある瞬間、直進しようとしているだけなのです。

このように、より高い次元で現象を眺めると、全体像をよりシンプルに見わたせるようになり、現象に対する理解が深まります。実際、数学や物理学において、一度次元を上げて考え、理論をつくってから再び次元を下げていくような手法をよく使います。一方で、我々人間は3次元の空間のことをよく考えますが、本当のところ、我々の世界は時間を含めた4次元時空と考えたほうがよいことがわかっています。人間は3次元をベースに多くの概念をつくってきましたが、必ずしもそれが最適な世界の見方とはいえないのです。

スピンの存在が提唱され始めた頃には、光は**電磁気**的な性質が周期的に変化する波であることが明らかになっていました。アインシュタインなど当時の科学者たちは光の理論と力学の理論が合致しない点に悩んでいました。しかしあるとき、それは3次元で考えるから理解できないのであって、時間まで含めた4次元の幾何学を考えれば理解できるのではないか、と気付いたのです。

電荷の周りには電場ができます。そして、すぐそばに動いている人がいて、その様子を見ているとすると、この人にとっては電荷のほうが流れているように見えます。

電荷が流れていると磁気も生じているはずですから、この人から見れば、この現象は磁気の世界にも関わっているはずだということになるのです。

4次元時空を扱う**相対論**（**相対性理論**）は、ある同一の現象を、動いている別の人から見たときに、どういう現象になるかということを表現できます。電気と磁気は3次元で考えると別々の現象で、それぞれを扱う公式も違うわけですが、上記の例に従って考えると、4次元時空では同一の現象と記述することができます。3次元の空間では、ある意味一つの現象を別の側面から見ているにすぎなかったのです。

$$i\hbar\left(\gamma^0\frac{\partial}{\partial x^0}+\gamma^1\frac{\partial}{\partial x^1}+\gamma^2\frac{\partial}{\partial x^2}+\gamma^3\frac{\partial}{\partial x^3}\right)\psi-mc\,\psi=0$$

図1-8 ディラック方程式
x^0は時間、x^1、x^2、x^3は空間座標を表している。

相対論的量子力学でスピンを考える

量子力学においても、相対論を考慮すべきだという考え方が広まっていきました。相対論においては、そもそも空間と時間を分けて考えることができません。そこで1928年に、イギリスのポール・ディラック（1902〜84）は時間と空間を対称に扱う相対論を量子力学と合わせた**相対論的量子力学**を考え出し、確立しました。そうすると、4次元の電子の量子力学を表す**ディラック方程式**と呼ばれるシンプルな数式が導き出されます（図1-8）。

とはいえ、残念ながら、我々は4次元を直観的に理解することはできません。そこで、ディラックらは4次元で書いた数式を3次元に変換して考えました。この変換によって簡単であったものが複雑になってしまうのですが、結果として「自転」を表す物理量スピンとその相互作用が現れたのです。相対論的量子論を3次元空間の量子力学として見ると、スピンという「回転しているように見える」性質が自然に現れるのです。

相対性理論と量子力学を合わせれば、スピンが自動的に現れるということを発見したディラックに、当時の物理学者たちは大きな衝撃を受けました。そして、ディラックはその功績により、エルヴィン・シュレーディンガーとともに1933年のノーベル物理学賞を受賞しています。

スピン1／2の不思議

ディラックはこのディラック方程式からスピンの固有の角運動量「スピン1／2」が導き出されることを数学的に示しました。

物質を切り分け続けていくと、やがてこれ以上切り分けることができないという状態へ行き着きます。そうした「これ以上は分割できない粒子」を**素粒子**といい、量子力学において、素粒子は粒子の性質とともに波の性質も持ち合わせています。電子もまた、これ以上分割できない素粒子です。素粒子には固有の角運動量、つまりスピンがあり、角運動量の大きさを表す**スピン量子数**というものがあります。そして、電子が持つスピンの角運動量は換算プランク定数と呼ばれる量の1／2で、「スピン1／2」や「スピン量子数1／2」という言い方がなされます。

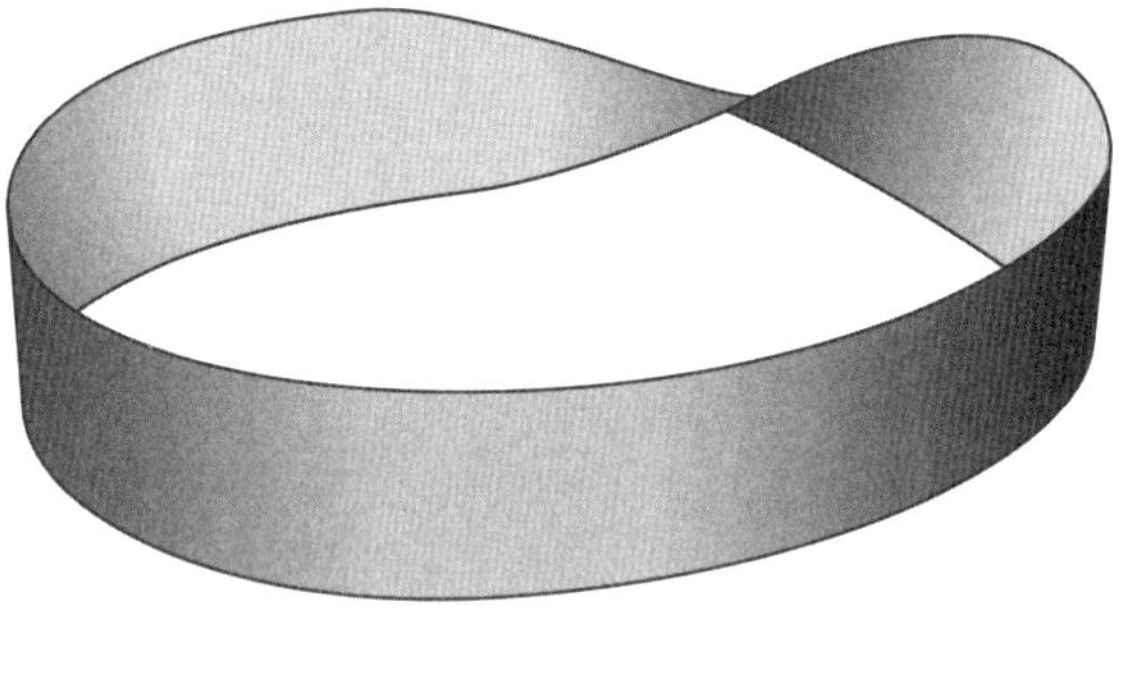

図1-9　メビウスの輪
1周すると裏へ行き、さらにもう1周すると表へ戻る。

　このスピン1／2がどのようなものかというと、スピン1／2は空間を2回転させると元の状態に戻る（空間の1回転が、半分の1／2しか効かない）という不思議な状態を意味しています。

　ある意味、メビウスの輪のようなものをイメージするのもいいかもしれません。メビウスの輪では、1周するとひっくり返り、もう1周して2周すると元の状態に戻ります（図1－9）。

　スピンの概念が生まれた1920年代は、量子力学の研究が盛んになり始めていた頃です。量子力学の発展に大きな貢献を果たしたドイツのヴェルナー・ハイゼンベルク（1901～76）もまた、スピンの回転量が半分（1／2）になっていると仮定すると、理論的に説明できることを指摘しました。

スピンを自転と考えていいのか

ここで、少し補足をさせてください。ここまで、スピンを「自転」あるいは「自転のようなもの」と表現してきました。その理由は、電子などこれ以上分割することができない素粒子には、そもそも大きさという概念がないからです。大きさのないものが回転するということはおかしなことなので、素粒子に対して「物理的に自転している」という概念を当てはめることは、もともとできないのです。

スピンにはアップとダウンの二つの状態があるわけですが、量子力学として考えたときには**重ね合わせ**といって、測定するまでは両方の状態を持ち合わせることができます。アップスピン＝右回りでもあり、同時にダウンスピン＝左回りでもあるという、私たちの日常からすると考えられないような状態にあるのです。そして、測定すると同時に重ね合わせの状態はなくなり、アップスピンかダウンスピンか、どちらかの状態になります。

先ほど紹介したシュテルン＝ゲルラッハの実験で重要なことがあります。銀原子のビームが磁場勾配を通過すると、アップスピンとダウンスピンに分離され、2本のビームに分かれてしまうわけですが、そのうちの1本をさらに別の磁場勾配に通過させると、また2本のビームに分かれてしまうのです。たとえば、水平方向の磁場勾配を通過してアップスピンだけになったほうのビームを垂直方向の磁場勾配に通すと、なぜかさらに2本のビームに、つまり垂直方向のアップスピンとダウンスピンのビームに分かれてしまうのです。

ここが量子力学ならではの現象で、測定をしないと方向が決まりませんし、測定するとそのほかの情報が消えてしまうという点が重要になります。これがスピンを単純に自転と考えてはいけない理由の一つです。

逆に、自転と考えてもいい理由は、粒子内部に角運動量を持っていることです。自転とイメージすることで、磁気の話なども辻褄が合います。そのため、「自転」や「自転のようなもの」という表現をしている場合が多いのです。

同じ場所にはいられない

物質を構成する素粒子は全て1／2など半整数のスピンを持っていて、半整数のスピンを持っていないものは物質をつくれません。

素粒子は角運動量の大きさにもとづいて、**フェルミ粒子**と**ボーズ粒子**という種類に分類されています。我々が物質として認識しているものは、全てフェルミ粒子からなります。電子もフェルミ粒子の一つです。原子核をかたちづくる陽子や中性子もまた、フェルミ粒子に分類される**クォーク**という素粒子からできています。そして、クォークはスピン1／2の角運動量を持っています。

電子をはじめスピン1／2の性質を持つフェルミ粒子には、もう一つ特徴があります。フェルミ粒子は同じ状態で同じ場所にいることはできません。電子でいうと、同じ向きのスピンを持つ電子は同じ席には座れない、というイメージです（スピンの向きが逆であれば同じ席に座れます）。ヴォルフガング・パウリ（1900～58）が提唱したので、**パウリの排他律**と呼ばれています。

対して、たとえば物質ではない光。この光の粒子である**光子**（フォトン）はボーズ粒子の一種で、「スピン1」です。スピン1の粒子は同じ場所にいくつもあってよく、レーザーのような同じ波長と波形の光が揃った状態をつくれるのも、そのためです。

静電反発力でスピンの向きが決まる

通常の物質の中では、電子のアップスピンとダウンスピンの数はほぼ同じになります。スピンは磁気モーメントを持っていて、磁気をつくりますが、我々がスピンの性質を意識することがないのは、アップスピンとダウンスピンがほぼ同数あれば、全体としては打ち

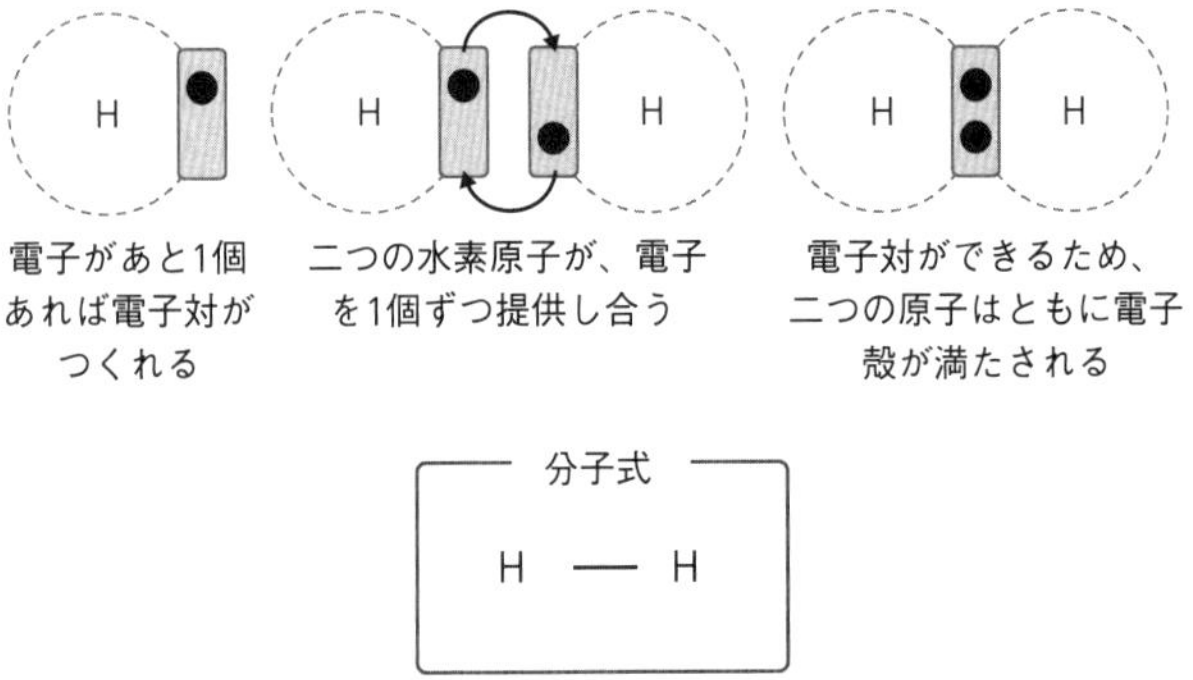
H
H
H
H
H
電子があと1個あれば電子対がつくれる
二つの水素原子が、電子を1個ずつ提供し合う
電子対ができるため、二つの原子はともに電子殻が満たされる
分子式
H — H

図1-10 共有結合
水素（H）原子は、電子1個を持つ。電子が対になると安定な状態にはなる。そこで水素原子2個がそれぞれの電子を共有して結合し、水素分子（H_2）になる。それぞれの電子のスピンは打ち消し合う。

消し合い、実質的に磁気はなくなっている状態だからです。また、原子と原子が化学結合の一種である共有結合（図1-10）によって分子を構成している場合、アップスピンとダウンスピンはペアをつくっています。物質はそれによって安定化しているのです。

アップスピンとダウンスピンであれば同じ軌道にいることができるのですが、スピンがどちらの向きであっても、電子は同じマイナスの電荷を持っています。お互いに反発し合い、電子が同じスピンの向きになり、別の軌道に入るという状態がつくられる場合があります。パウリの排他律を考えると、電気的エネルギーが下がるためです。それが、鉄やニッケルなどの金属で見られます。こうした金属はアップスピンとダウンスピンの個数に差ができるため、全体としてスピンの向きがどちらかに偏り、磁石になりやすいという性質を持っているのです。

たとえば、鉄の原子は26個の電子を持っていて、決まった軌道に決まった数の電子が存在しています（**図1-11**）。多くの原子の場合、アップスピンの電子とダウンスピンの電子がペアになって軌道上に存在するため、それぞれが打ち消し合って、磁気は発生しません。磁石になる鉄の場合は、この26個の電子のうち、およそ14個がアップスピン、およそ12個がダウンスピンと、アップスピンの電子が約2個多いため、磁石の性質を持っています。

鉄の磁石の内部では**磁区**という小さな集団をつくっていて、その磁区自体は原子の磁極（S極とN極）の向きがよく揃っているため強い磁石になっています。しかし、大きな鉄の塊として見たとき、無数の磁区は磁極の向きがバラバラになりやすく、磁力は打ち消し合っています。そこに磁石を近づけると、磁界を受けることで磁区が変形し、磁極が同じ方向に揃うため、鉄は磁石とくっつきます。この磁区が元の状態に戻らず、磁極が揃ったままでいると、鉄は磁化することになります。

化学の世界では、物質の量の単位「モル」が使われています。原子や分子が約6×10^{23}個で1モルです（コップ一杯の水は約10モルのH_2O＝水分子からなる）。1兆が10^{12}ですから、6×10^{23}個がいかに途方もない数であるかがわかるとともに、それほどの数を扱う単位が必要になるくらいなので、物質が膨大な数の原子から成り立っていることがわかります。そのため、電子のスピンの向きが揃うと、私たちが実感できるような強力な磁石になるわけです。

スピンの性質とMRI

回転するもの、たとえばコマを考えてみましょう。コマは回転の成分に重力が作用して、回転の方向と重力の方向の両方に垂直な方向に軸が振れます。

このような力の方向と垂直に回転軸が動こうとする作用（モーメント）を**ジャイロモーメント**といいます（図1-12）。

科学館や博物館へ行くと、車輪など、回転するものを触ってもらうことでジャイロを実感してもらうコーナーを見かけることがあります。回転していない車輪であれば、その回転軸をつかんで振り回すのは簡単です。ところが、いざ車輪を回転させると、回転軸が引っ張られるような力が働き、自由に動かすことができません。

また、鉛直回転するコマには、回転軸上に重心があるわけですが、この重心が鉛直軸か

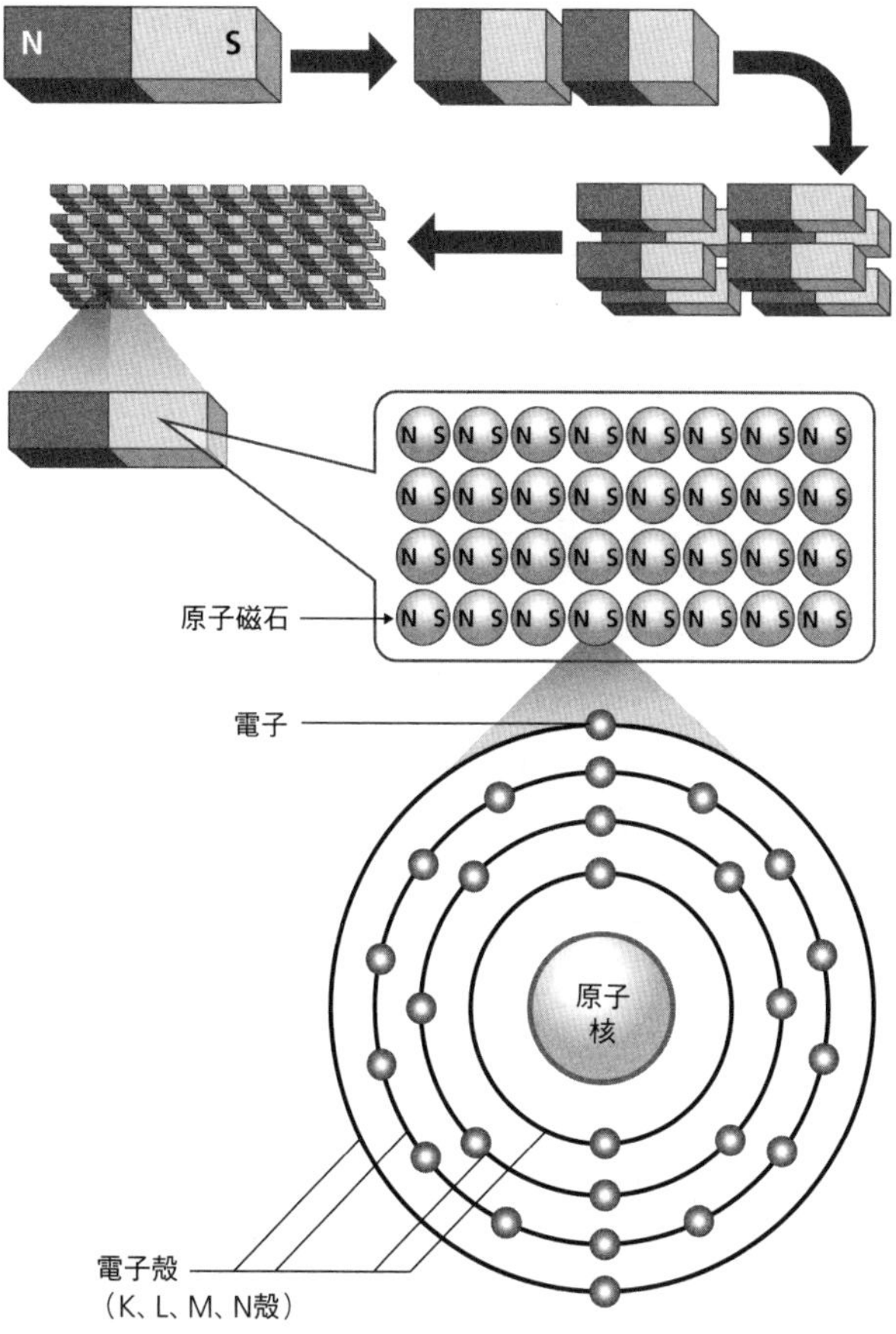

図1-11 鉄原子と磁石の起源

微視的に見たとき、原子の一番外側の軌道に位置する電子のスピンが磁気の源となる。磁気モーメントが揃った磁区という小さな集団をつくる。この磁区がバラバラであれば磁石にはならないが、強い磁場などを受けると、磁区の磁気モーメントの方向が揃い、磁石になる。

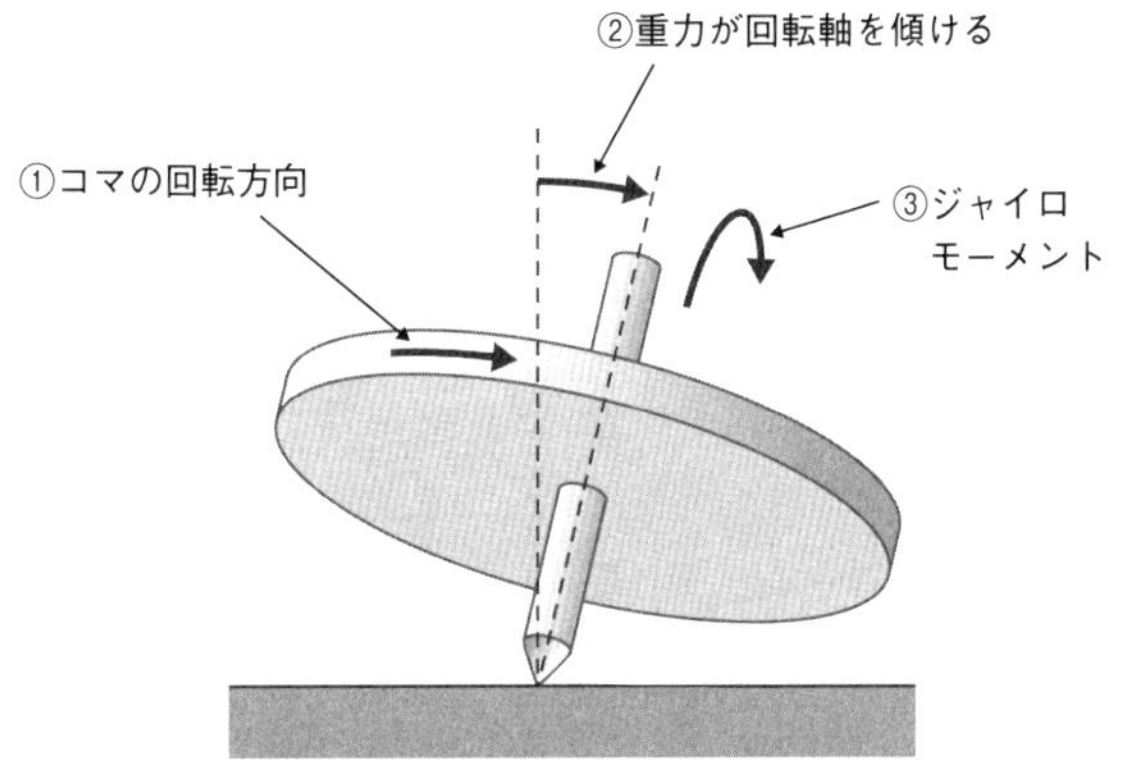

図1-12　コマの回転とジャイロモーメント
重力がコマを倒そうとするが、回転軸に働くジャイロモーメントのおかげで、（一定以上の回転速度で）回転するコマは倒れない。

らずれると、コマの回転軸は鉛直軸を中心にしてすりこぎを回すような動きを始めます。これは**歳差運動**といって、コマの場合は重力の方向に対してですが、スピンであれば磁場の方向に対して首振り運動を見せます（図1-13）。コマのように回転軸が固定されていない回転体が持つ、基本的な性質です。

この現象は、病院で体の内部を撮影するための**MRI**（magnetic resonance imaging　**核磁気共鳴画像診断**）にも利用されています。歳差運動は鉛直軸を中心に回転軸が回る現象ですので、この運動にも周期があります。周期とは、1回転するのに要する時間と考えてください。周期があれば振動数もあります。よく

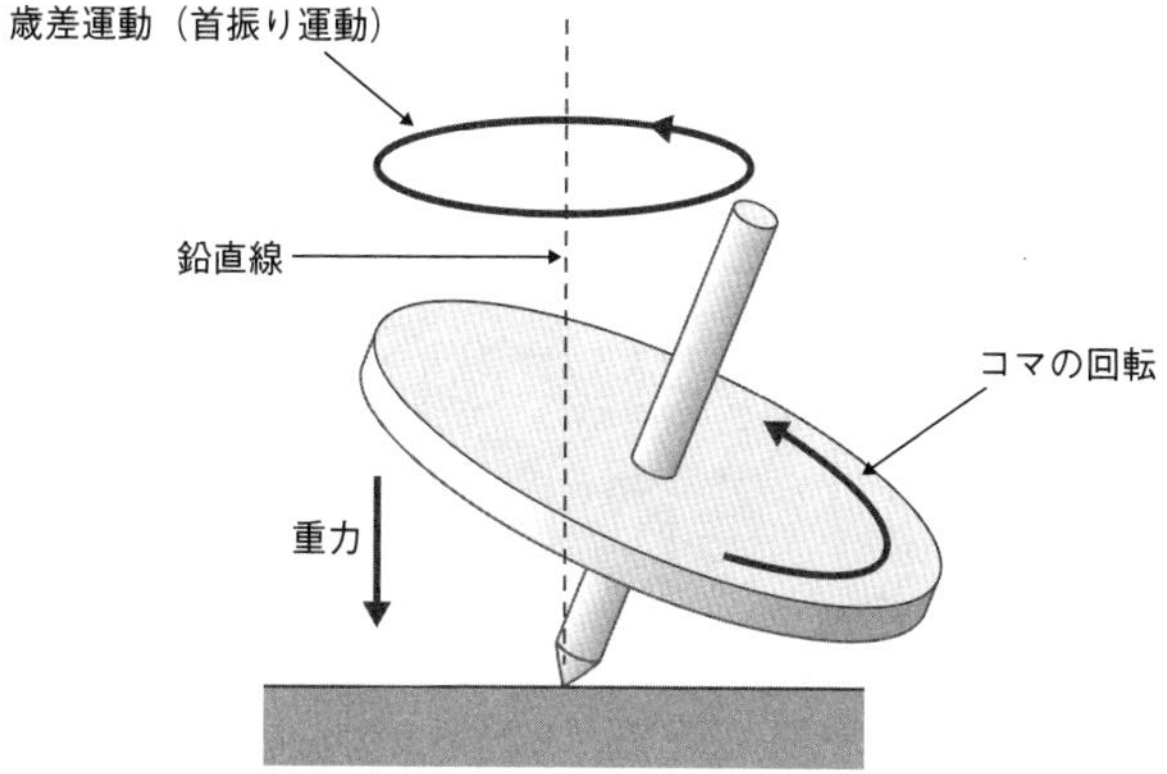

図1-13 歳差運動
回転するものの性質として、力が加わると、回転軸はすりこぎ状の首振り運動を見せる。これを歳差運動という。

聞くヘルツ（Hz）の単位で表される振動数ですが、これは周期の逆数で、1秒当たりに何回同じ運動を繰り返すかを表し、ここでは1秒当たり何回転するかと考えてください。

人間の体は、成人の場合、約3分の2が水であるといわれており、水素の原子は体の組織のいたるところに存在しています。この水素の原子核も電子と同様にスピンを持っているので、磁石の性質があります。ふだん、水素の原子核はスピンの向きがバラバラなので、全体として磁気を打ち消し合っていますが、強い磁場の中に置かれると、磁場に沿ってスピンの向きが少しだけ揃います。このときの原子核のスピンの歳差運動の周波数は、磁場の強さに比例します。そこへこの周波数と同じ周波数の電波（ラジオ波）を当てると、ブランコの揺れ方に合わせて横方向に力を加えるとその揺れが大きくなるのと同じように、歳差運動が大きくなります（1・5テスラの磁場である場合、約64メガヘルツのラジオ波を使います。なお、テスラ〈T〉は磁石の強さ〈正しくは磁束密度〉を表す単位で、磁気ネックレスのごく近くで0・1テスラほど）。そして、ラジオ波を切ると、水素原子の歳差運動は大きな首振り運動をしていた状態からラジオ波を放射しながら元の状態に戻ろうとします。歳差運動や放射されるラジオ波はどこの組織に存在する水素原子であるかによって一様ではないため、その違いを画像化していくのがMRIの原理です。

アインシュタインが納得できなかったもの

相対論を提唱したアインシュタインが、勃興する量子力学に懐疑的であったことはよく知られています。

アインシュタインが量子力学を受け入れられなかったのには、量子力学は確かに自然現象をうまく説明するけれど、だからといって物理学の最終理論ではないのだというスタンスがあったのではないかといわれています。

量子論は、その背後を説明せず「自然界から得られた情報をどう計算、予測し、説明できるか」という視点でつくられていて、彼がつくった相対論のロジックのように直感的なものではありません。両者とも自然のある部分を説明する力を有しており、後に相対論的量子論へと融合され、その中にスピンという量が現れたのです。

スピンはアップスピンとダウンスピンしかないので、とてもシンプルです。そのため、量子力学を使ってコンピューターをつくろうとか、量子もつれをつくろうというときに、まずはスピンが有力候補となり、当初から研究されてきました。デヴィッド・ボーム（1917～92）らはスピン測定を用いて、アインシュタインらの考察である**EPRパラドックス**（Einstein–Podolsky–Rosen paradox）を表現しました。

量子力学では、観測されていないある粒子はアップスピンとダウンスピンの両方の状態をとっている重ね合わせの状態にあります。この重ね合わせは観測した時点で壊れてしまい、アップスピンかダウンスピンかのどちらかに決まります。こうした重ね合わせの状態にある粒子をたとえば2個、ある方法で相関（たとえばスピンが互いに逆向きになるなど）させると、この相関は**量子もつれ**といって、原理的にはどれほど距離を離そうとも保ち続けることができます。そして、片方の粒子を観測して重ね合わせが壊れ、それがアップスピンに決まったとすると、もう一方の粒子はその情報を受け取って、瞬時に重ね合わせが壊れて（たとえばダウンスピンに）状態が決まります。これは遠く離れた二つの粒子につながりがあることを意味し、このとき観測されて状態が決まった片方の粒子の情報は、まるでこの世界で最速であるはずの光速を一見超えているように見えます。これが、アインシュタインらが掲げたＥＰＲパラドックスです。

パラドックスに見えても、それは自然界が実際にそのようになっているということですので、「それが自然なのだ」と考えるしかありません。我々の日常的な直感は、こうした自然とは別に、生活を通してつくられた人間ならではの世界観なので、不思議ではあっても、自然の本質とは異なることを受け入れるしかないということです。人間が持っている直感というのは、人が何を見ようが、何を測定しようが、世界はそれとは関係なく進んでいると感じるものです。しかし、量子力学はそうではないというところから出発しないとつくれない理論体系なのです。今のところ、人間が行ってきた多くの実験も、自然はそのような仕組みになっているとしか言いようがない結果を出しています。

重ね合わせや量子もつれに関する難しさは、人間が、世界や自然をどう認識しているかという問題と直結しています。人間の世界観や古典力学は「客観的実在が存在する」ということを大前提につくられていますが、量子もつれを突き詰めると、客観的実在を捨てなければなりません。

第2章　電荷が流れる電流、スピンが流れるスピン流

スピンが流れる

エレクトロニクスの発展と普及は、電気と電流の測定原理の発見に端を発します。今から200年以上も昔の1820年、フランスのアンドレ＝マリ・アンペール（1775～1836）が電流を測定する方法を発見しました。その後、針金を螺旋《らせん》状に巻いたコイルを用意して、その中に磁石を抜き差しすると、コイルに電気が流れるというファラデーの電磁誘導の法則など多くの法則が発見されました。それから現代にいたるまで、電気を利用する技術は発展し続け、エレクトロニクスに支えられる「電気文明」とも呼べる現代社会がつくられました。

電子が電荷とスピンという二つの性質を持つことは、第1章で説明した通りです。現在の情報化社会を支えているエレクトロニクスは、電荷と電流のみを利用した技術です。

電荷が流れて電流となるのであれば、スピンが流れるスピン流もあるのではないか。そう考えることは、ごく自然な発想でしょう。スピン流は電子の回転量の流れです。ピンとこないようでしたら、第1章で触れましたが、スピンは磁気の源ですので、磁気が流れているように考えてもよいでしょう。スピンの存在は疑いようもなかったわけですが、そのスピンが流れることについては、つい最近までほとんど知られていませんでした。

物質中のスピンの流れを測定し、利用できるようになれば、今までまったく手つかずだったスピンの物理学の確立とともに、既存のエレクトロニクスでは実現不可能なことを可能にできるのではないでしょうか。幸いにも、20世紀の終盤に登場した**ナノテクノロジー**は急速な発展を遂げ、これを利用してスピンの測定や利用に関する実験が可能になってきました。

ちなみに、スピンは電子の性質なので、電子のもう一つの性質である電荷と一緒にスピンが流れる**電流＋スピン流**というものもありますが、本書では筆者たちのような物理学研究者の慣例にのっとって、原則的に電荷は流れずにスピンの回転量だけが流れている純粋なスピン流を「スピン流」と呼ぶことにしましょう（**図2-1**）。

導体中の多くのスピン流は長くても数マイクロメートル（100万分の1メートル）進むと消えてしまいます。通常ではさらに短く、5〜10ナノメートル（10億分の1メートル）程度流れる間しか存在することができません。存在することはわかっていても、測定のしようもないほど小さいスケールなので、かつては意識する必要もなかったのでしょう。

ところが、この状況をナノテクノロジーが一変させます。高度に発展した微細加工技術は、半導体の集積回路を限界性能に近づくほど高密度にし、微細な力を使ってナノの世界を観察したり操作したりできる電子顕微鏡や原子間力顕微鏡も産み出しました。原子や分子の配列すら制御できるほどの緻密な精度を誇り、今やスピン流が減衰する5～10ナノメートルよりも小さなサイズの設計や加工が可能になっています。となれば、スピン流を測定するための方法や、今まではなかったスピン流の利用法を考えることも視野に入ってきます。

実用化されているスピントロニクス

「はじめに」で紹介したように、すでにスピンを利用した**スピントロニクス**は実用化されています。たとえば、同じ記録装置でより身近な例をあげれば、パソコンなどに搭載されているハードディスクの読み取りヘッドがそれです。ハードディスクは、**磁性体**、つまり磁石になる性質を持った物質を塗布したディスクに「0」と「1」のデジタルデータを記録、保存する装置です。ディスクの盤面は「微小な磁石」が無数に並んでいる状態にあり、書き込み用のヘッドがつくる磁場によって、それぞれの「微小な磁石」の磁気の向きをデータに合わせて揃えていきます。強い磁場を与えて、磁石のS極とN極をひっくり返し、

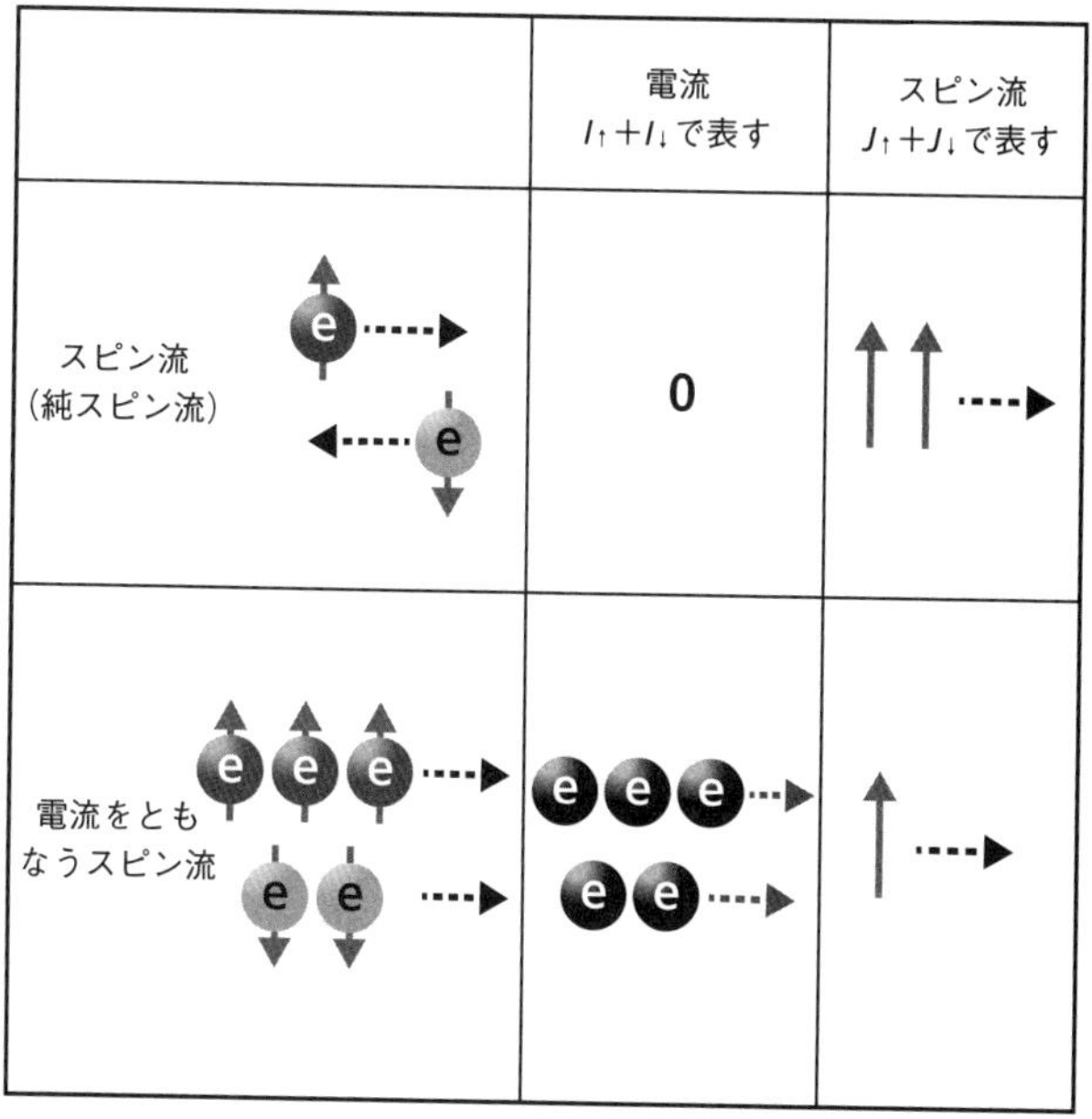

図2-1 伝導電子のスピン流

下段の「電流をともなうスピン流＝電流＋スピン流」は、直感的にわかりやすいが、スピン流（純スピン流）には異なるイメージが必要となる。右方向へ進む電子と左方向へ進む電子があり、互いに逆向きのスピンを持ちやすい状況があるとする。このとき、電流$I_{\uparrow}$と$I_{\downarrow}$は打ち消し合って「0」になるが、回転量の流れに注目すると、左へ進むダウンスピン$J_{\downarrow}$は右へ進むアップスピン$J_{\uparrow}$と等価と考えられるのだ。そのため、電子2個分のアップスピンが右へ進んでいることになり、スピン流は強め合っていることになる。同時に、二つのダウンスピンが左へ進んでいると言い換えることもできる。

情報を書き込むのです（図2－2）。

ハードディスクに記録されたデータは、ヘッドに組み込まれている磁気センサーで読み取られます。ここでは初期に使われていた巨大磁気抵抗タイプの磁気センサーの仕組みを見てみましょう。

この磁気センサーは、**図2－3**のような「強い磁性を持つ金属（F）」と「磁性のない金属（N）」とがサンドイッチ状に積層されたかたちでできていますが、強い磁性体、つまり強磁性体の磁気の向きは、磁場のないとき、上図のように1層ごとに逆になるように配置されています。このとき、どちらの向きのスピンを持つ電子であろうと、必ず逆向きの磁気を持つ強磁性体の層にぶつかって散乱することになります。つまり、抵抗が高い状態です。

ところが、下図のように、外部からの磁場の影響を受けて、強磁性体の層の一つで磁気の向きが反転し、上下の強磁性体の磁気の向きと同じ方向に揃ったらどうなるでしょう。強磁性体の磁気の方向と逆の方向のスピンを持つ電子は散乱してしまいますが、同じ方向のスピンを持つ電子は散乱しないで流れていけます。つまり、抵抗が低くなります。

このように、外部から受けた磁場によって**図2－3**のような金属で電気抵抗が変化する

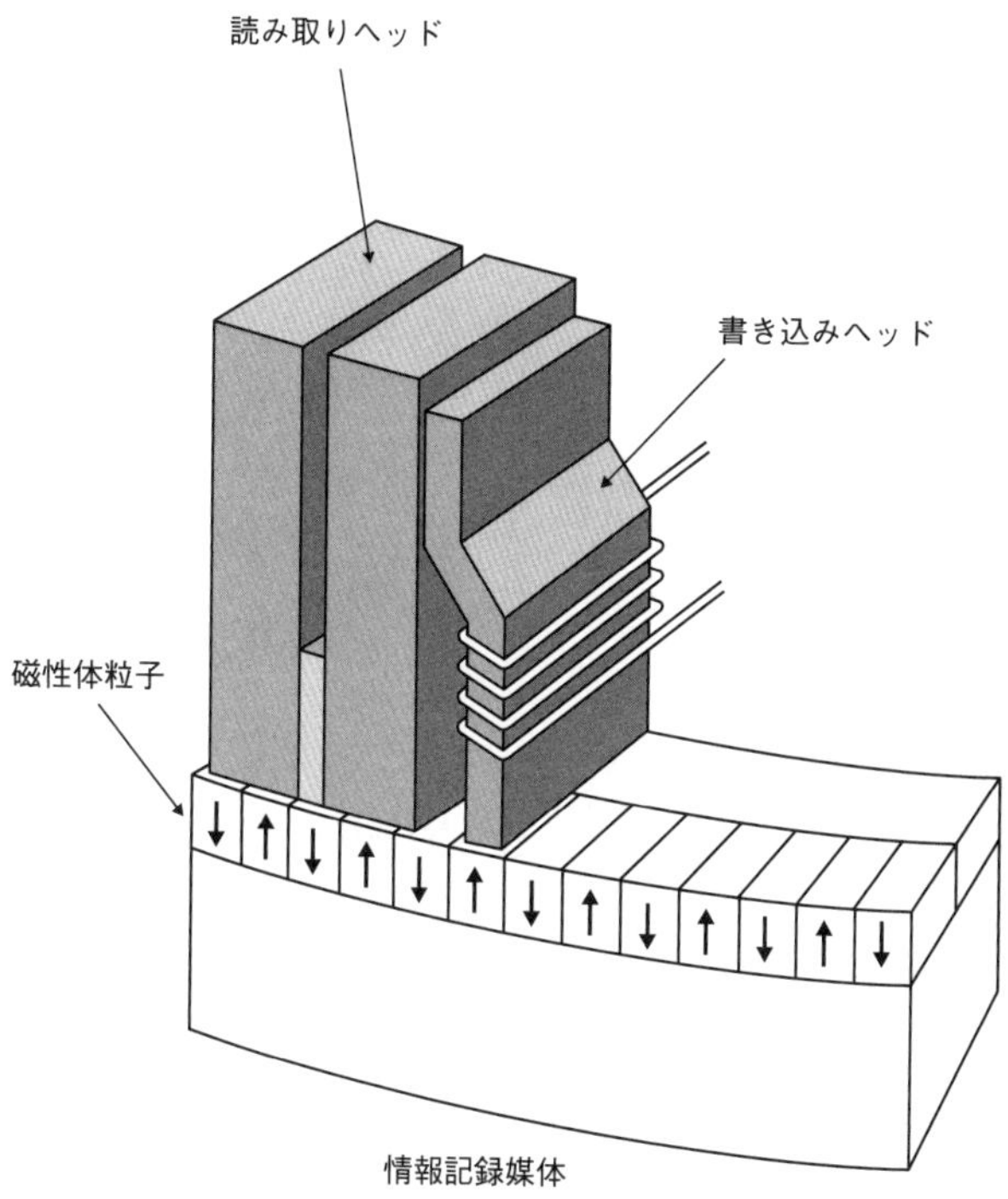

図2-2 ハードディスク
一つひとつの「微小な磁石」の磁気の向きがデジタルデータの「0」と「1」に対応する。記録したいデータに合わせてヘッドが強い磁場をかけると、「微小な磁石」それぞれの磁気の向きがひっくり返り、「0」と「1」のデータがディスク上に書き込まれていく。
現在のハードディスクでは、図のように記録のための磁気の向きを垂直方向にして、ヘッドと向き合うサイズを減らすことで記録容量を大幅に増やす「垂直磁気記録方式」が用いられている。

現象を**巨大磁気抵抗効果**（**GMR** giant magnetoresistance）と呼びます。磁気センサーは、ハードディスク上に並ぶ「微小な磁石」から漏れ出している磁場を感知することで、磁気センサーの強磁性体の層の磁気の向きが変わり、電気抵抗が変化します。この電気抵抗の変化によって、ハードディスクに書き込まれた「0」「1」の情報を読み出すという仕組みです。

現在、世界中で蓄積されている情報の大部分がハードディスクに保存されているといわれています。その情報のほとんどが、このようなスピンを利用した技術で読み取られているのです。ハードディスクでは、非常に小さなコイルに電流を流して、そこで生じる磁場を使ってS極とN極をひっくり返すという方法で情報の書き込みをしてきました。そのため、消費電力の問題とともに、より大きな記録容量を得ようと小さくすればするほど技術的な難易度が上がっていきます。

巨大磁気抵抗効果を発展させたメモリーの開発もなされています。**MRAM**（magnetoresistive random access memory **磁気抵抗ランダム・アクセス・メモリー**）といって、書き込みや読み出しが速く、高集積化、低消費電力が実現でき、さらに電源を消失しても情報を保持し

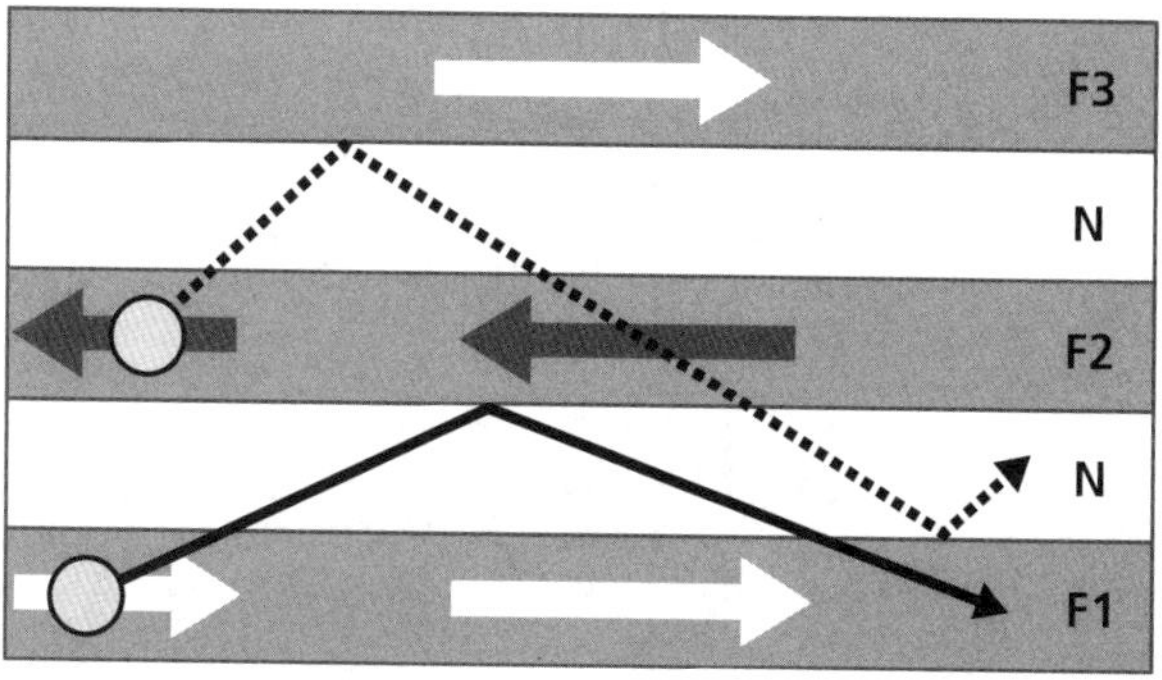

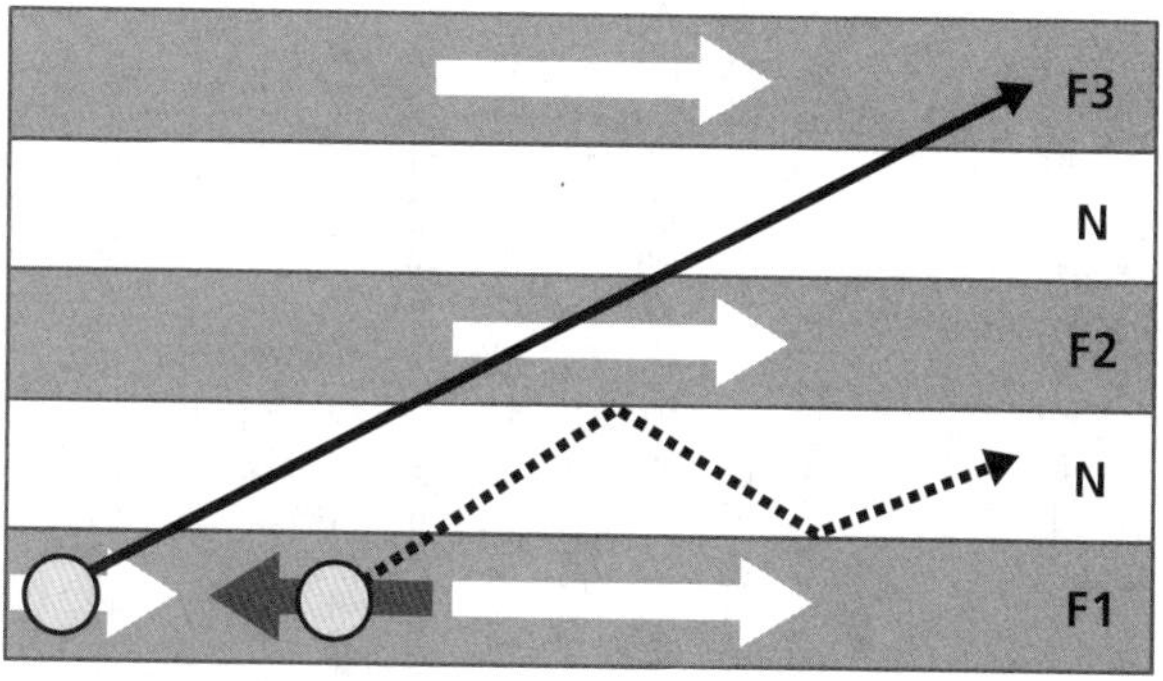

図2-3 巨大磁気抵抗効果

上図では、非磁性金属Nを間にはさんで、無磁場では強磁性体Fが1層ごとに磁気の向きが逆になるように配置されている。つまり、このとき電気抵抗が高い状態にある。

一方、下図のように、外部からの磁場の影響を受けて、強磁性体の層の磁気の向きが揃うことになると、それと逆方向のスピンを持つ電子は散乱してしまうが、同じ方向のスピンを持つ電子は散乱しないで流れていける。つまり、電気抵抗が低くなる。

続けられるうえ、スイッチをつけた瞬間からすぐに動作できる、まさに理想的なメモリーです。MRAMは日本などで開発が進められ、近年では海外で量産も始まり、情報の保持に優れているため、すでに航空機などにも搭載されています。

現在、ほとんどのMRAMで使われているのは、**TMR素子**という素子です。TMRはTunneling Magneto Resistance の略です。この素子は、非磁性絶縁膜――つまり絶縁体かつ磁性を持たない薄い膜を、二つの強磁性金属――つまり鉄などの強い磁性を持つ金属ではさんだ構造を持ちます。真ん中にはさまれた非磁性膜はとても薄く、量子力学の**トンネル効果**と呼ばれる現象によって電流が流れ、この電流はそれをはさむ二つの金属の中の電子の状態を反映します。前述の巨大磁気抵抗効果に似て、この二つの強磁性電極の磁気の向きが同じであればTMR素子の電気抵抗は小さく、逆であれば電気抵抗が大きくなります。この電気抵抗の小さい、大きいが「0」「1」を表すデジタルデータとなるわけです。

図2-4のように、MRAMでは縦横に走る配線が交差するところにTMR素子が配置されます。従来は、この強磁性電極の片側に強い磁場をつくり、磁気の向きを反転させる

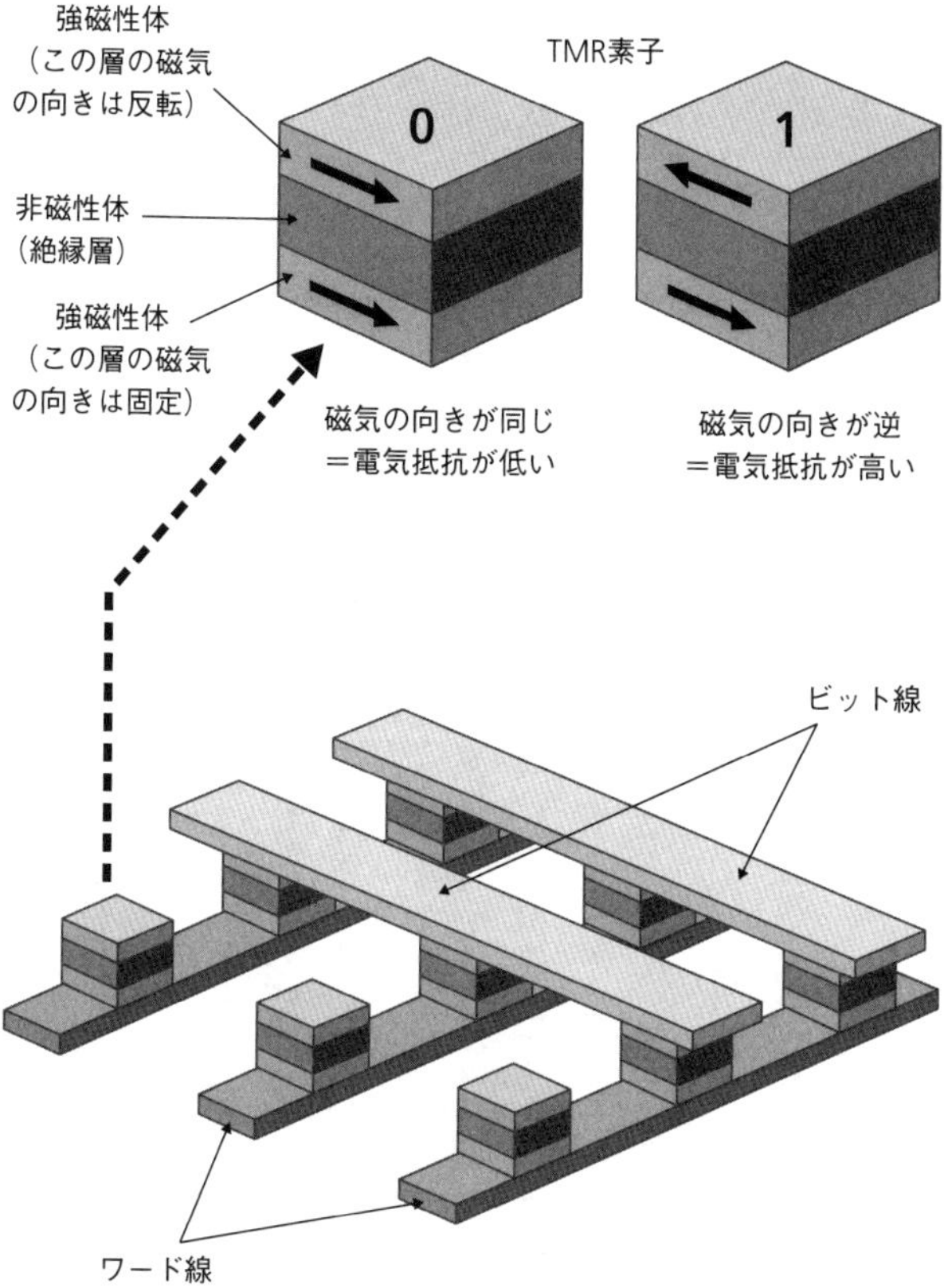

図2-4 MRAM

ビット線、ワード線という縦横に走る導線の交差点に、巨大磁気抵抗効果を使うトンネル磁気効果素子（TMR素子）を配置し、その電気抵抗の違いを検出して「0」「1」のデジタルデータを読み取る。

書き込む際には「読み取り」のときよりも大きな電流を流してスピン移行トルクを生じさせ、強磁性電極（図では上側）の磁気の向きを反転させる。下側の電極の磁気の向きは固定されている。

方法をとっていましたが、この方法では微細化や消費電力の問題がありました。

図のTMR素子は、下側の強磁性電極は磁気の向きが固定されています。固定された磁気の向きがあるため、ここを通過する伝導電子のスピンの向きは、強磁性電極の磁気の影響を受け、同じ方向に揃います。スピンが同じ方向に揃う**スピン偏極**した状態で流れる伝導電子は、絶縁体の薄膜を越えて上側の強磁性電極へ達しますが、伝導電子はスピンが同じ方向に揃っているため角運動量を持っています。そのため、スピン偏極した伝導電子と上側の強磁性電極との間にスピンの角運動量の授受が起こり、この授受で生じる**スピン移行トルク**と呼ばれる磁化へ作用するトルクによって上側の強磁性電極で磁化の向きを変えることができます。電流が強いときは磁気の向きが反転することになるのです。これはTMR素子へ磁気の情報を書き込む原理になります。そして、下側の強磁性電極と上側の強磁性電極の磁気の向きによって巨大磁気抵抗にもとづく電気抵抗の大小が決まり、それがデジタルデータの「1」であるか「0」であるかを読み出す原理になります。

このスピン**注入磁化反転**を利用した記録方式は、MRAMの高集積化に加え消費電力を抑えることが期待されています。

記録媒体は次々と刷新され、現在ではUSBメモリーやSDカードをはじめとする**フラッシュメモリー**が人気です。フラッシュメモリーは半導体でできた微細な記憶素子に電荷を蓄え、電荷の有無でデジタル情報を表します。高速での書き込みは難しく、数十年に及ぶ長期間の記録保持はできない可能性があります。MRAMのようなスピンを利用するメモリーは、強磁性電極を磁化させることでデータの記憶をしているため、読み書きは速く、長期にわたり安定して記録を保持できるといわれています。従来のコンピューターで使用している**DRAM**(dynamic random access memory)などは電源を切ると情報がなくなってしまうのに対し、磁気によって情報を記録していれば、電源を切っても情報はそのまま残っているわけです。それは、スイッチを入れればすぐに使用できるコンピューターの実現にもつながります。

問題は、フラッシュメモリーが安価なシリコンでつくられているのに対し、スピンを利用するメモリーはコバルトなど希少で高価な元素も使う必要があるため、どうしてもコストが高くなってしまう点です。これが安価な代替材料で製造できるようになれば、特殊な用途に限らず、現在のフラッシュメモリーやハードディスクをはじめとする記録装置と同じように一般化し、市場を変えていく可能性は十分にあります。

MRAMの実用化に貢献した日本の研究

スピントロニクスの嚆矢《こうし》ともいえる巨大磁気抵抗効果を発見したのは、フランスのアルベール・フェール（1938〜）とドイツのペーター・グリューンベルク（1939〜2018）で、1990年頃のことでした。両者は2007年にこの功績が認められ、ノーベル物理学賞を受賞しています。

現在のハードディスクの読み取りヘッドやMRAMには、スピントロニクスの技術、特にTMRが使われています。TMR素子や材料開発には、産業技術総合研究所（産総研）や東北大学の研究者や日本の企業の研究者など、多くの日本人研究者が活躍しました。

TMR素子では、電極と電極の間に絶縁層を設け、電子がトンネル効果を起こすようにコントロールしています。この絶縁層の性能が、長らく巨大磁気抵抗効果の実用化のネックになっていたのです。それまでは絶縁層に酸化アルミニウムなどの一般的な絶縁体を用いてきました。ところが、酸化アルミニウムの絶縁層は結晶構造が乱れているせいで、電極から電極へ電子を送ろうとしたとき電子が散乱させられたり、綺麗なトンネル効果が起こらなくなるなど、不都合が生じてしまうのです。対して、絶縁層に酸化マグネシウム結晶を使うと、結晶構造が一様に整然としているため、電子が散乱することなく、特性がよくなります。

産総研の湯浅新治博士らのグループは、MRAMの読み取りセンサーのヘッドに酸化マグネシウムの層を使い、それまでの酸化アルミニウムなどを使う場合と比べ、性能を大幅に向上させることに成功したのです。彼らは驚くような**固相エピタキシー**という現象により、つくって加熱するだけで、狙い澄ましたような綺麗な単結晶素子ができることを見つけたのです（**図2－5**）。

通常、実験室で特殊な方法を用いて作製するようなものをそのままの方法で工場で大量生産することは困難です。簡単な方法で高性能なものをつくることができなければ、広く一般に普及させることはできません。ところが、この酸化マグネシウムという物質は、すでに知られた方法で薄膜をつくって加熱するだけというシンプルな工程で、簡単に高性能なものがつくれてしまうのです。しかも、加熱温度は、現在の半導体の製造工程で使われている温度よりも低いため、現在の製造工程を大きく変えずに生産できます。

高性能にして製造が簡単、しかも低コストで実現してしまう。そのような都合のよい物質の組み合わせは奇跡的です。

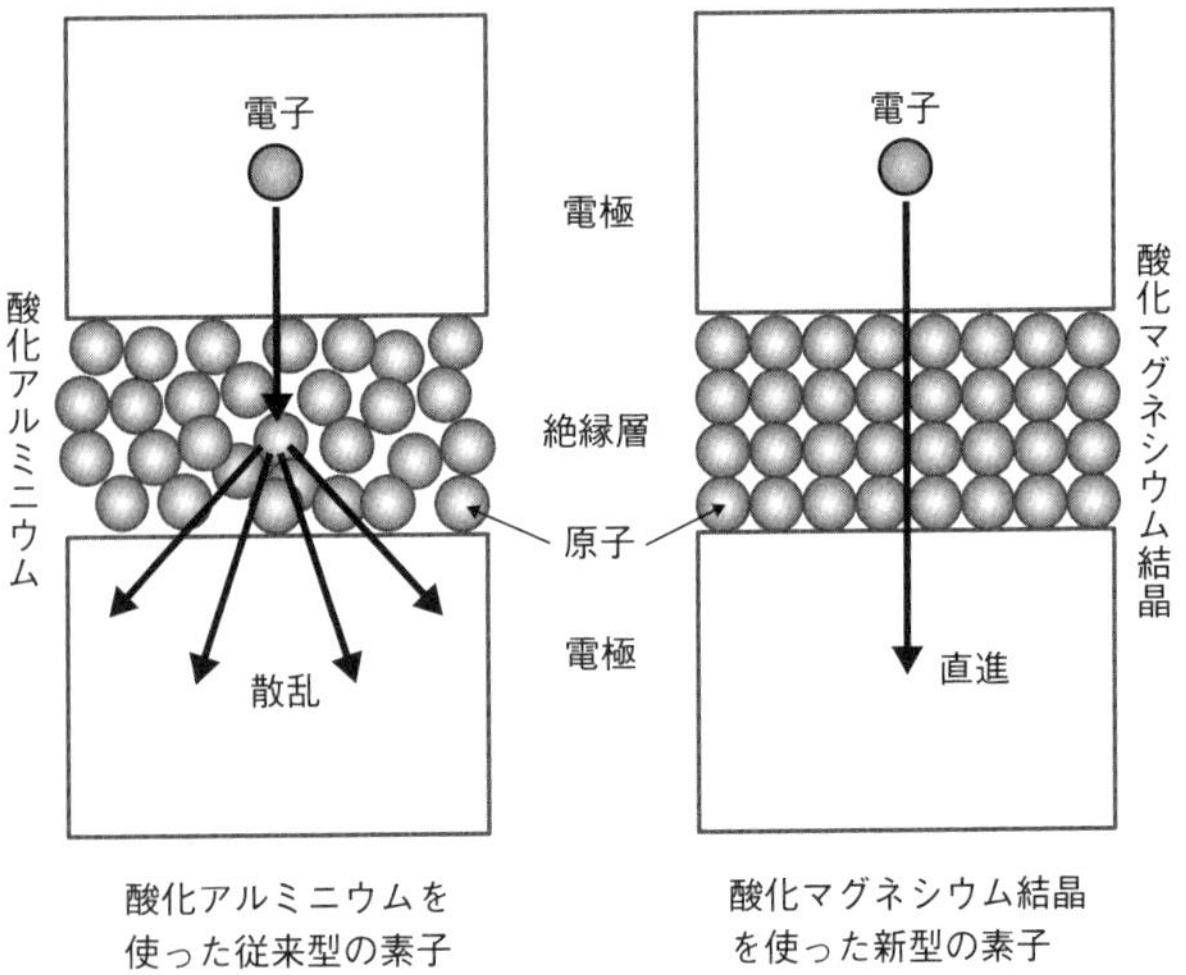

**図2-5 MRAMの実用化に貢献した、
酸化マグネシウム結晶を使うTMR素子**

電極と電極の間に絶縁層を設け、この絶縁層のおかげで電子がトンネル効果を起こすようにしておく。

従来はこの絶縁層に酸化アルミニウムなどを用いていたが、結晶構造が乱れているせいで絶縁性が悪くなったり、電極から電極へ電子を送ろうとしたときに電子が散乱させられてしまうことなどにより良質なトンネル効果が起きない。

対して、絶縁層に酸化マグネシウム結晶を使うと、整然とした結晶の層が形成されるため、綺麗なトンネル効果が生じる。

資料：国立研究開発法人 産業技術総合研究所プレスリリース「単結晶TMR（トンネル磁気抵抗）素子で世界最高性能を達成」（2004年3月2日）をもとに作成

スピン流の存在を示唆する実験

こうして、スピンを利用した科学技術は急速に発展し、応用も進みました。このような中で、スピン移行トルクなど、スピン流によって説明された現象も現れ始め、さらには巨大磁気抵抗の大きさを解析していく中でも、どうもそこにスピン流が関わっていそうだという話になってきました。

時を同じくして、2004年から2006年にかけて、オランダのバート・ヴァン・ウィーズ博士を中心とする研究グループが、スピン流の存在を強く示唆する研究成果を発表しました。「はじめに」で少し触れました、**非局所磁気抵抗効果**です。

図2-6のように、磁気を持つ強磁性金属と、磁気を持たない非磁性金属を接合した試料があったとします。ここで、図のように電流が右から左に流れているとすると、マイナス電荷の電子は左から右へ、強磁性金属から非磁性金属へ流れていることになります（第3章冒頭で解説）。強磁性金属では、無数の伝導電子がどちらかのスピンを持ちやすい場合があり、たとえば図では、電子はアップスピンに向きが揃えられて非磁性金属へ注入されます。

伝導電子のスピンにはアップスピンかダウンスピンかの情報を失ってしまうまでの長さがあり、これを**スピン拡散長**といいます。本来、非磁性金属の内部では、アップスピンの電子もダウンスピンの電子も同じ数だけ存在しているのですが、磁性金属からアップスピンの電子ばかりが注入されるのであれば、スピン拡散長までの範囲ではアップスピンの電子が多くなるはずで、これを**スピン蓄積**といいます。

電流は電圧によって駆動されます。同様にスピンの場合、このスピン蓄積によって、図でいえばアップスピンの電子がスピン拡散長までの範囲に拡散し、流れています。つまり、この範囲にスピン流が流れているということになり、このスピン蓄積が「電流の場合の電圧」に相当する**スピン圧**ということになります。スピン圧は、アップスピンの電子とダウンスピンの電子の密度の差、両者の伝導電子電気化学ポテンシャル（伝導電子の位置エネルギー）の差です。

非磁性金属の場合、スピン拡散長は数ナノメートル〜数マイクロメートル程度の場合が多く、微細なスケールの現象が存在することが認識されたのです。

ヴァン・ウィーズ博士らは、電流を流すために電圧が必要であるように、スピン流にもそれに対応するスピン圧があることと、それが従来とはまったく異なる長さの現象である

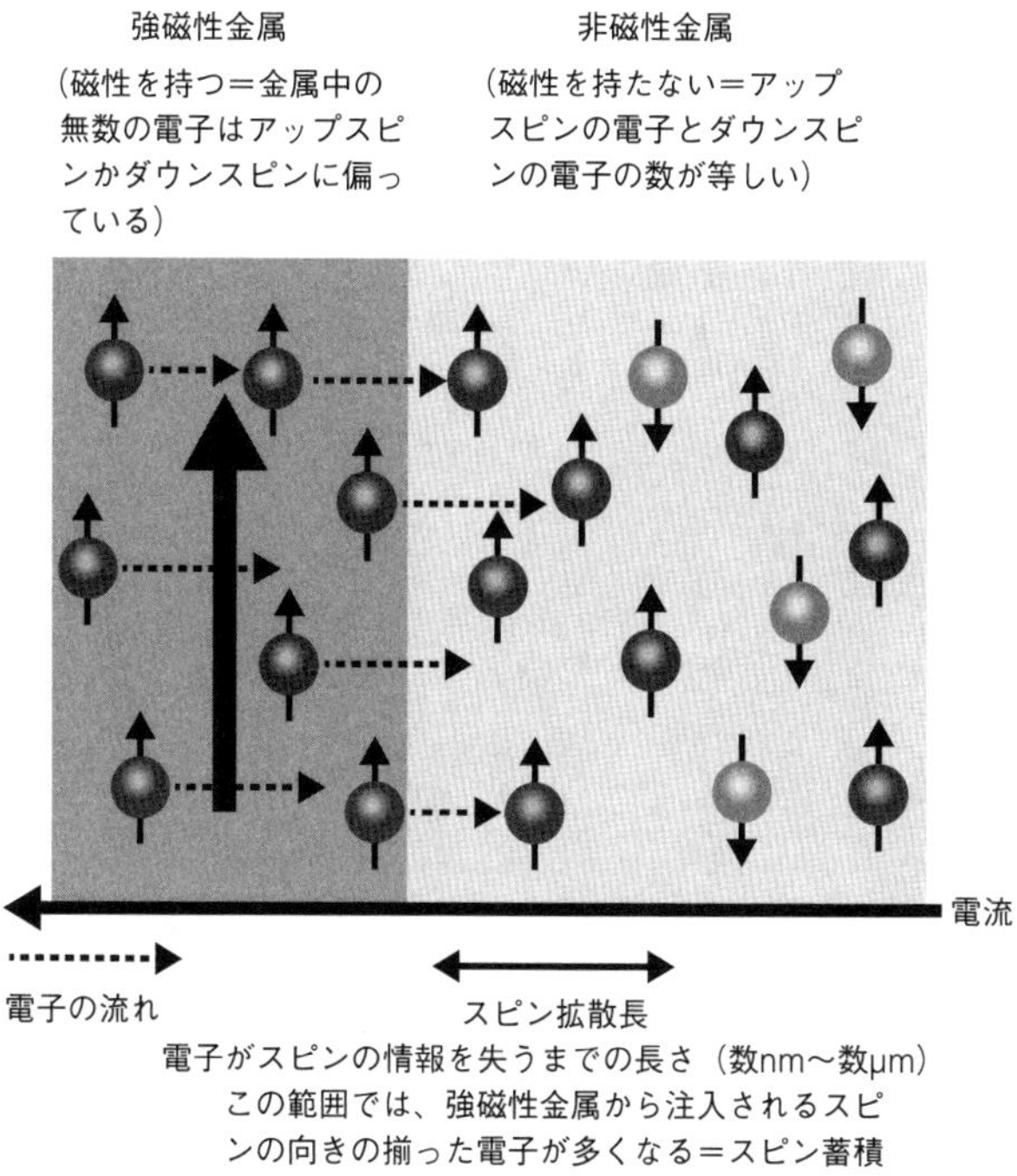
強磁性金属
(磁性を持つ＝金属中の無数の電子はアップスピンかダウンスピンに偏っている)
非磁性金属
(磁性を持たない＝アップスピンの電子とダウンスピンの電子の数が等しい)
電流
電子の流れ
スピン拡散長
電子がスピンの情報を失うまでの長さ（数nm〜数μm）
この範囲では、強磁性金属から注入されるスピンの向きの揃った電子が多くなる＝スピン蓄積

図2-6 強磁性金属から非磁性金属へのスピン注入
電流が右から左に流れているということは、マイナス電荷を持つ電子は左から右へ流れるということ。

非磁性金属の内部は、本来アップスピンもダウンスピンも等しく存在しているが、注入されたアップスピンの電子は、電子がスピンの情報を失うことになるまでの長さ＝「スピン拡散長」までの範囲に蓄積され、ここではアップスピンの電子ばかりが存在することになる。

このように、非磁性金属の接合部の近くでスピンの偏りが生じていることをスピン蓄積という。

『スピン流とトポロジカル絶縁体 量子物性とスピントロニクスの発展』

（齊藤英治・村上修一 共立出版）をもとに作成

ことを示しました。

当時、筆者は慶應義塾大学の助手になって3年目の頃でした。まだスピントロニクスという言葉すら確立されておらず、筆者が在籍していた研究室では、ナノテクノロジーを使って磁性を研究するため「**ナノ磁性**」という言葉も使っていました。

そもそもスピントロニクスという研究分野は、半導体工学の研究者と磁性工学の研究者らの協力により築かれたという経緯があります。そこに筆者のような物理学者も参入し、物理の枠組みを構築していったという流れです。日本は幸いにも、半導体分野においても、磁性分野においても、世界水準から見てたいへん秀《ひい》でており、産業も確立されていました。その二つの分野が融合した分野だからこそ、スピントロニクスは日本にとって優位性が高かったといえるのでしょう。現在隆盛の量子コンピューターの研究でも、スピントロニクス研究の出身者が数多く活躍しています。後に触れますが、原子核のスピン、つまり核スピンを用いる研究や、ダイヤモンドの結晶の一部に欠陥をつくり、そこに電子を閉じ込めるNVセンターの研究など、量子技術との融合領域もあるためです。

スピン流の研究を世界規模で見てみますと、ヴァン・ウィーズ博士がいるオランダや、マックス・プランク研究所など多くの有力グループのあるドイツが特に盛んです。アメリカにはスター研究者として知られたステュアート・パーキン教授が率いる優秀な研究グループがありましたが、引き抜かれてドイツへわたりました。

スピン流は電流に置き換わるか

スピン流の研究がさらに進めば、電子の電荷を利用する電流が使われなくなり、スピン流が主流になっていくようなことがあり得るかといえば、そうは思いません。電気（電荷）とスピンはそれぞれ長所と短所が相反関係にあるからです。

たとえば、スピンが苦手なものには長距離伝送があります。電気は電荷保存則と呼ばれる「電荷の総量が変わらない」とする法則によって守られています。電線のような長いケーブルの中に電流を流しても、途中で電荷がなくなったりすることはありません。しかし、スピン流ではそうはいきません。スピン流はたちどころに消えてしまいますので、電気のように長距離にわたる送信はできません。逆に、スピンや磁気が得意とするものには、たとえば整流があります。後であらためて説明しますが、整流とは、個々のランダムな運動を一定の方向に揃えて流れを起こす現象のことをいいます。

また、超伝導のような電気抵抗がまったくない状態でない限り、電流を流せば必ず熱が発生します。ニクロム線に電流を流せば、赤く発光するほどの熱を発生させられることを思い浮かべてください。ニクロム線の中には電気抵抗のもとになる原子の振動や不規則性がたくさんあって、電子はそれらにぶつかりながら進んでいきます。その際、電子の運動エネルギーは原子を振動させることなどに使われて、減衰していきます。振動するようになった原子は、次に流れてくる電子とさらにぶつかりやすくなるため、これが繰り返されるにしたがい、原子の振動はどんどん大きくなっていきます。こうした原子や分子の振動は**熱振動**といい、文字通り熱となります。これは**ジュール熱**といって、電流のエネルギーの一部は熱に変換され、散逸してしまうことを意味します。電流におけるジュール熱の量は、単位体積当たりに流れている電流の二乗に及びます。それに対して、スピン流はこのような意味でのジュール熱はなく、熱に変わる仕組みが異なるので、工夫次第でエネルギーロスを抑えることができるかもしれません。

第3章　利用するためには計測を

電流の誤謬

本書では、これまで「電子の流れ」に対して「電流」という表現をしてきました。学校で習った通り、電流は電源の＋（プラス）端子から－（マイナス）端子へ流れるものとされていますが、実際には、多くの場合、金属中ではプラスの電荷がプラス側からマイナス側へ流れているわけではありません。原子核のプラスの電荷は移動しないのです。マイナスの電荷を持つ電子がマイナス側からプラス側へ流れていくのが、実際の電荷の流れになります（図3-1）。

この齟齬は、1800年頃、イタリアのアレッサンドロ・ボルタ（1745～1827）が電池（電堆）を発明し、これを用いてプラス（正）とマイナス（負）極を定めたことに端を発します。以降、電流はプラス側からマイナス側へ流れると定義づけられました。ところが、1897年のこと、イギリスのジョゼフ・ジョン・トムソン（1856～1940）による陰極線（電子ビーム）の実験で、電子の存在が決定づけられます。そして、電気回路などで実際に起きている電荷の移動は、マイナス電荷を持つ電子がマイナス側からプラス側へ移動するのだということがわかりました。とはいえ、100年近くもの長きにわたり「電流はプラス側からマイナス側へ流れる」と定義していたため、それをひっくり返すに

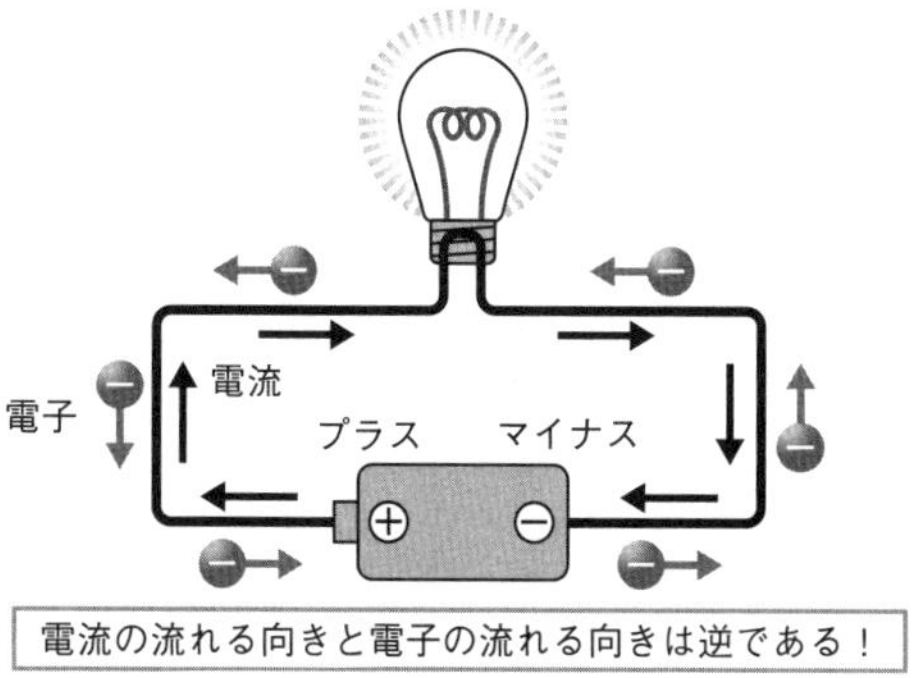
電流
電子
プラス
マイナス
電流の流れる向きと電子の流れる向きは逆である！

図3-1 電流と電子の流れは、流れる向きが逆
実際には、多くの場合、金属中ではマイナスの電荷を持つ電子がマイナス側からプラス側へ流れる。それは、プラスの電荷がプラスからマイナスへ流れることと同じ意味を持つ。

はいたらなかったわけです。

分子や結晶をかたちづくる原子に注目すると、原子核の周りに複数の電子が束縛されています。

これらの電子についても状態による呼び名があります。たとえば、原子の内部に強く閉じ込められている電子は**束縛電子**、原子に属しながら束縛が弱く、隣り合う原子へ簡単に行き来できる電子は**自由電子**などと呼びます。

第1章で解説したように、身の回りの物質を構成する分子の数や分子を構成する原子の数を考えるとき、およそ6×10^{23}個を「1モル」という単位で扱います。原子は原子番号と同じ数の電子を持つので、物質の中には途轍《とてつ》もない数の電子が存在していることになります。

金属中は、このような大きな数の自由電子がものすごい速さで走り回っています。しかし、無数の電子を内在させていながら、たいていのものは触っても電流を感じるようなことがありません。微視的に見れば、金属の内部では、電圧がなくても電子はあらゆる方向に高速で動いています。そのため、電荷の流れが相殺されて、物質全体としては、電気（電荷）が流れていないことになるのです。1個1個の電子は動き回っていますが、電圧をかけることで、ある方向に進む電子の数と、反対方向に進む電子の数との間にわずかな差ができます。このわずかな数の差が金属中を流れる電流の実態なのです。この電気の流れをもし電子の直線運動が運ぶとしたら、意外なほど遅く、「カタツムリより遅い」といわれるように秒速1～2ミリメートルになります。教科書などに「電子の速さは、秒速1～2ミリメートル」と書かれているのは、そういう意味なのです。電流が電子の数のバランスの差であることが重要です。

スピン流を考える

スピン流の場合は、電流とはやや事情が異なります。

磁性はないけれど、伝導電子がたくさん存在する金属があるとします。磁性のない金属では、電子が持つアップスピンとダウンスピンの量が等しいため、それぞれが持つ磁気モーメントが打ち消し合っている状態です。ここに何らかの方法を使い、上向きのアップスピンを持つものは右に、下向きのダウンスピンを持つものは左に進みやすくなるようにします。つまり、逆向きのスピンを持った電子が、等しい数、それぞれ逆方向に流れる状態がつくられます。マイナスの電荷を持つ電子が逆向きに同じ数だけ進むということは、電荷の流れが打ち消し合い、正味の電流はまったく流れていないことになります。しかし、電子のスピンに注目すると、アップスピンが右向きに進むことはダウンスピンが左へ進むことと（回転量の収支として）等価なので、スピン流は打ち消し合うことなく、電気は流れずスピンだけが流れている状態がつくられます。このスピンの流れは伝導電子が運ぶスピン流となるので、**伝導電子スピン流**と呼ばれます。

図3-2を見てください。アップスピンとダウンスピンの角運動量は逆に向いていますが、これが同じ方向の角運動量が逆に向かって流れるとすると、打ち消し合って、スピン流は流れません。しかし、アップスピンが右へ流れることと、ダウンスピンが左に動くことは等価なので、結果として**図3-2**②ではアップスピンの角運動量が2倍右へ流れてい

ることになり、それは同時に、ダウンスピンの角運動量が2倍左へ流れていることと等価になるのです。

先ほどの電流の話にあった「プラスの電荷がプラスからマイナスに流れている」とされている電流は、実際には「マイナスの電荷がマイナスからプラスへ流れている」ということと同様の考え方です。

図3-2②の伝導電子スピン流の場合、逆向きの角運動量は逆方向に流れるため、回転量は相殺しないどころか2倍になるという特徴を持っているのです。

これは、電流が流れずにスピン流だけが流れている状態なので、**純スピン流**もしくは**純粋スピン流**とも呼んでいます。

スピンホール効果の実証

筆者がスピン流と本気で向き合うことになるきっかけは、すでにお話しした通り、慶應義塾大学の助手になって2~3年が経った頃の、ヴァン・ウィーズ博士による非局所磁気抵抗効果の発見でした。

2004年、**スピンホール効果**という現象が、アメリカのデイビッド・D・オーシャロ

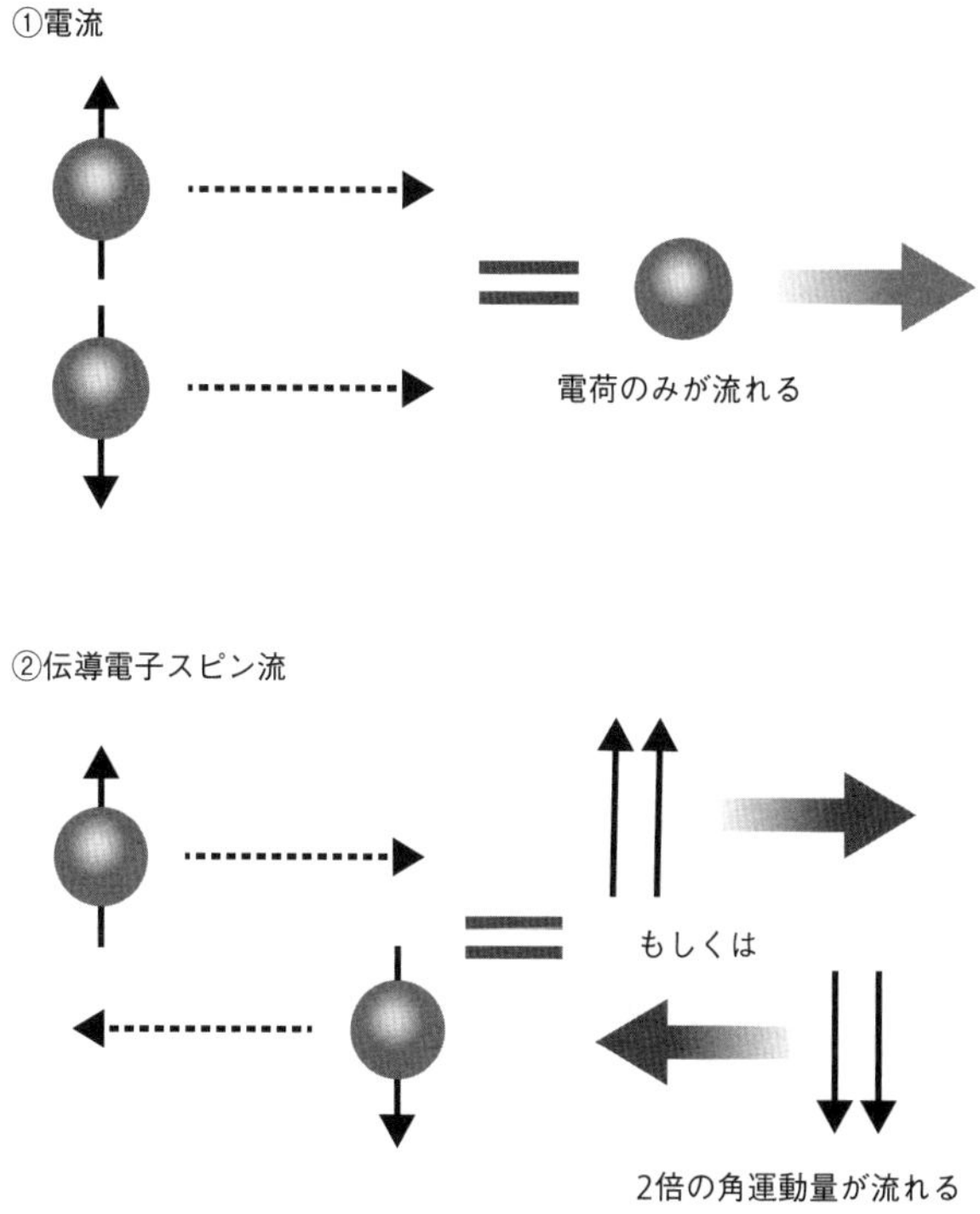

図3-2 電流と伝導電子スピン流
①アップスピンの電子とダウンスピンの電子が同じ方向へ進む場合、スピンは打ち消し合い、電荷のみが流れる電流となる。
②アップスピンの電子とダウンスピンの電子が逆方向へ進む場合、電荷の流れは打ち消し合い、電流は流れない。しかし、アップスピンとダウンスピンの角運動量は打ち消し合わずに、伝導電子スピン流として流れていく。このとき、「ダウンスピンが左へ進む」ことは「アップスピンが右へ進む」ことと等しいため、「2倍の角運動量のアップスピンが右方向へ進む」あるいは「2倍の角運動量のダウンスピンが左方向へ進む」ことになる。

ム博士らのグループによって実証されました。ロシアのミハイル・I・ディアコノフ博士とウラジミール・I・ペレル博士らが1971年頃に同じような現象を理論的に提唱しましたが、当時は実証するすべもなく、長らく忘れられていました。

スピンホール効果とは、磁性を持たない非磁性の金属に電流を流すと、電流の向きと垂直方向にスピン流がつくられる現象です。電子は磁性を持たない金属を流れるので、磁気によってスピンの向きが揃えられてしまうこともなく、アップスピンの電子もダウンスピンの電子もランダムに流れることになります（図3-3）。

ここで、第1章で紹介したスピン軌道相互作用を思い出してください。スピン軌道相互作用とは、電子のスピンの角運動量と、電子の軌道角運動量とが影響を及ぼし合う相互作用のことです。そして、軌道角運動量は電子の空間的な運動なので、流れている電子の軌道の曲がり方とその電子が持つスピンの角運動量も相互作用すると期待できます。そのため、アップスピンの電子とダウンスピンの電子は逆方向に曲げられることになります。たとえるなら、野球でピッチャーが強い右回転を与えたボールを投げれば、ボールは右へ曲がり、強い左回転を与えれば、ボールは左へ曲がるようなことが起こるわけです。

アップスピンの電子とダウンスピンの電子が逆方向に曲げられるのであれば、それは電

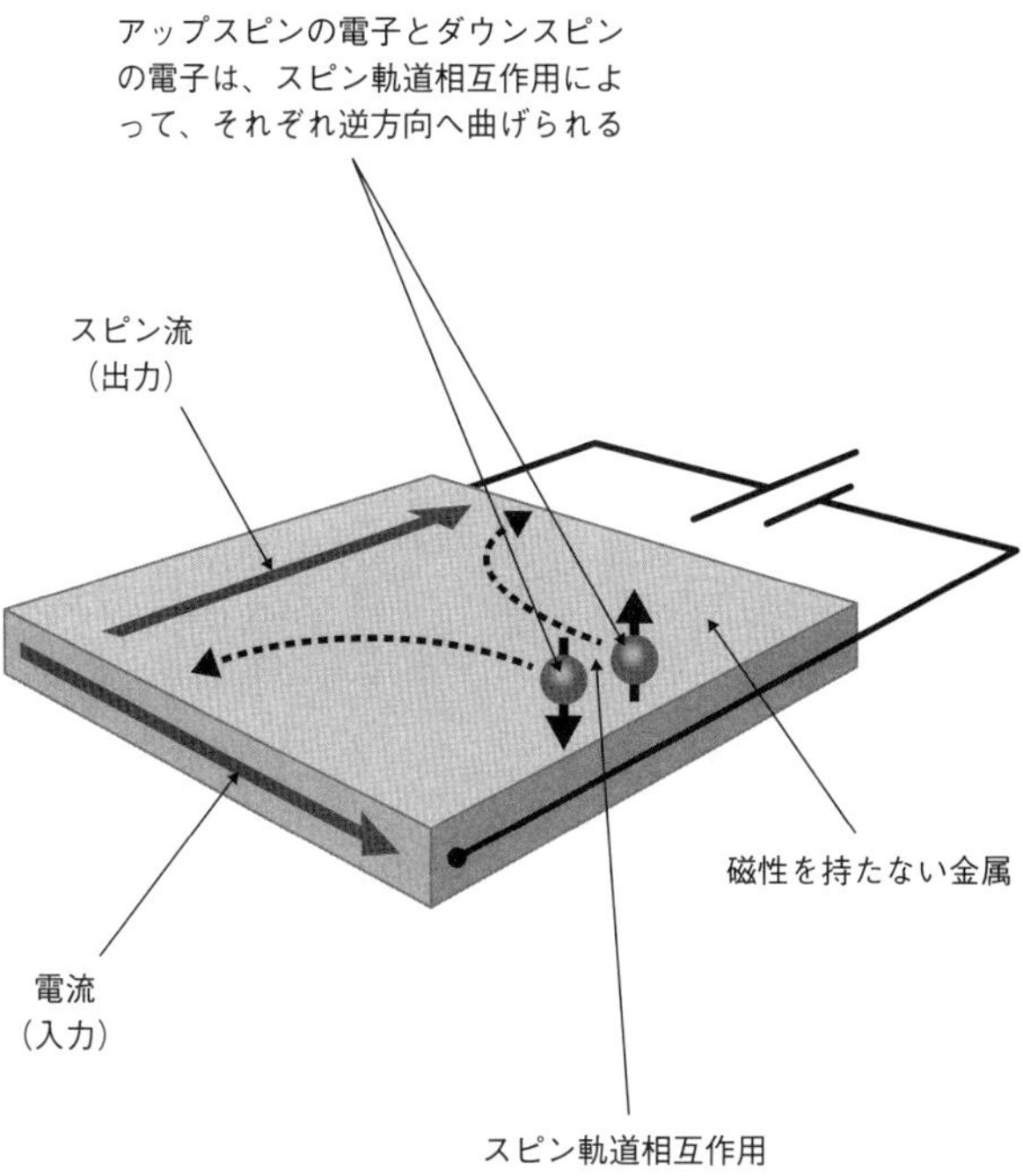
アップスピンの電子とダウンスピンの電子は、スピン軌道相互作用によって、それぞれ逆方向へ曲げられる
スピン流
(出力)
磁性を持たない金属
電流
(入力)
スピン軌道相互作用

図3-3 スピンホール効果

電子は電流とは逆方向へ流れていく。図のように電流が上から下へ流れるのであれば、電子は下から上へ流れる。

このとき、スピン軌道相互作用によって、アップスピンの電子とダウンスピンの電子は逆方向へ曲げられることになる。アップスピンの電子とダウンスピンの電子が逆向きに流れた状態はスピン流なので、電流の向きと垂直にスピン流が流れていることになる。

『スピン流とトポロジカル絶縁体 量子物性とスピントロニクスの発展』

(齊藤英治・村上修一 共立出版) をもとに作成

流と垂直方向にスピン流が流れているということになります。
このルールさえ知っておけば、電流を流すことで、スピン流を流せるというわけです。

スピン流の物理法則がない

一つの新たな現象が発見されたとき、それに対して、どのようなアプローチをとるかは、科学者の興味、あるいは美学や世界観によってそれぞれ異なります。たとえば、マテリアルの研究者であれば、第一に「発見された現象が最大に発揮される物質は何だろうか?」というアプローチをとることでしょう。筆者は物理の研究者なので、その現象がどのような物理法則、普遍性によって成り立っているのかが最大の関心事です。そのため、スピンホール効果に関する実験のニュースを知ったとき、スピン流を計測したり制御したりするために必要な「物質中のスピン流の物理法則（有効法則）がほとんど確立されていない」ということに意識が向きました。

物理学には長い歴史があり、教科書にはたくさんの物理法則が列挙されています。そのため、誰もが物理法則は知り尽くされているように錯覚しがちです。確かに、真空中の物理法則はかなりの部分が明らかにされていますが、物質中のさまざまな現象の普遍性を記述する物質中の物理法則（有効法則）には、まだ多くの未開拓領域が残されているかもしれません。現に既存の物質の電磁気の基礎物理方程式に「スピン流」は記述されていません。大学院博士課程を修了して3～4年目の意気盛んな筆者は、大いにワクワクしました。スピン流の物理法則を探り、その物理量を組み込んだ新たな物理学の体系を築き、既存の学問を書き換えようと決意したのです。

真空中の電子に関するわかりやすい例として、先に紹介したJ・J・トムソンによる陰極線の実験などがあります。実験装置のクルックス管の内部は真空で、陰極から放たれた電子ビームが管壁にぶつかるせいで陽極付近が蛍光を発することを確認しました。

一方で、筆者がここで電子と呼んでいるものは、真空中の電子ではなく、物質中の電子の運動です。物質の中に存在する大量の電子のうち、バランスの破れたものを1個の粒子と考えるとどうなるのか、という考え方で真空中の電子に似た概念をつくることができますが、これは真空中の電子とはまったく別物といえます。スピン流も、物質中においては複雑な振る舞いを考慮しなければならず、とても重要な物理量として無視できなくなるのです。このことに気付いた筆者は、いろいろな概念を構築し直さなければならないことを強く認識しました。

電気の世界は物質中の電磁気学で表現されていて、この電磁気学の基本法則にもとづいて、半導体デバイスをはじめとするさまざまなものが設計され、エレクトロニクスなどのテクノロジーが成立しています。しかし、その基本となっている物質中の電磁気学にはスピンやスピン流に関連した物理量が含まれていません。それは今私たちが使っている物質中の基礎法則に回転量に関する物理がまだ十分に組み込まれていないことを意味しています。

よいアイデアは机以外でも

スピン流を研究テーマに据えると決意してからというもの、「スピン流はいったいどのような現象を示すのか」、「スピン流はどのような概念体系の中で表現されるべき現象なのか」など、スピン流についてあれこれ考える日々が続きました。中でも、早期にクリアすべき課題は「スピン流を測定するにはどうすればよいのか」でした。まず、対象を測定できなければ、何も始められません。

その当時ラッキーだったのは、筆者は大学の助手になって間もなかったため、授業やさまざまな雑務に追われることなく実験や研究に使える時間が十分にあったことでした。

また、よいアイデアというものは、静かに机に向かっていたからといって思いつくものではありません。特に近年は、机に向かっていると、メールの返信など目の前の雑務に追われ、じっくりと思考をめぐらす時間を確保するのが困難です。逆に、歴史的に見ても、科学における数々の重大なアイデアの中にはリラックスしていたときや人とコミュニケーションしていたときに生まれたものも多いのです。

イギリスのケンブリッジ大学のキャベンディッシュ研究所は、昔は街の中にあり、夕方になると街中のパブで人と語り合うことで多くのひらめきが生まれているケースが少なくなく、これが多くのノーベル賞につながったのではないか、という人もいます。研究室と実験室が整ってさえいればすばらしいアイデアが生まれ、よい研究成果が産み出されるというものではなく、刺激的な環境と時間も重要なのではないかと筆者は思っています。

物理現象には対応する現象がある

理論的にナノメートルスケール（10億分の1メートルスケール）、あるいはマイクロメートルスケール（100万分の1メートルスケール）という非常に短い距離で消えてしまうスピン流をどうやって測定するか？　アイデアはありました。

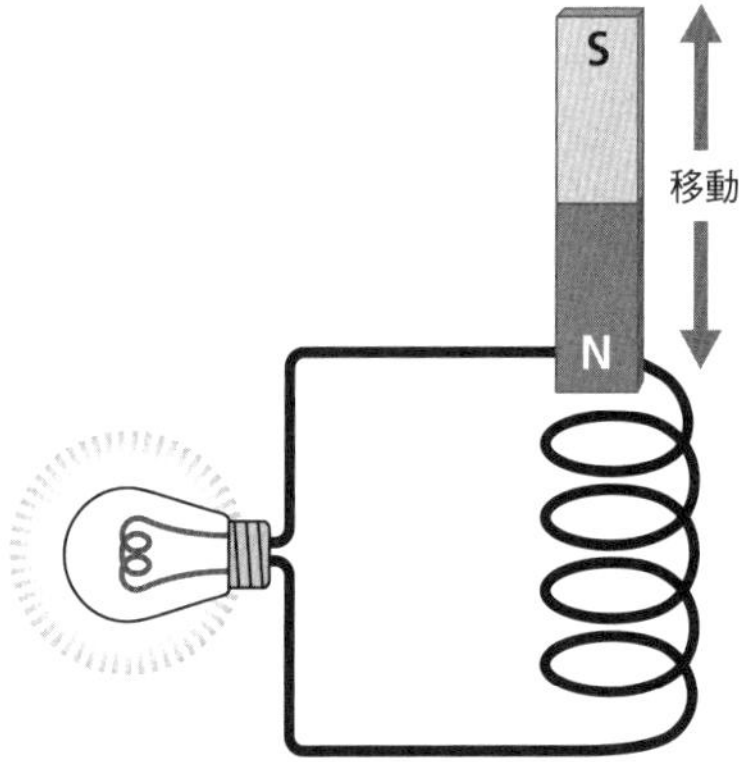

図3-4 電磁誘導
コイルの内部に磁石を抜き差しすると、コイルの内部の磁界が変化し、電流が流れる。逆に、コイルに電流を流せば、コイルに磁界が生じる。

電気の世界で起きる現象を考えると、全ての真空中の電気の法則は二つの基本的な現象からつくられています。一つは、電流を流すと磁場がつくられる現象で、もう一つは、磁場が変化すると電場がつくられる現象です。後者は高校生のときに習う**ファラデーの電磁誘導の法則**になります。コイルを巻いておいて、そこに磁石を抜き差しすると電気が流れるという現象です（図3-4）。そして、この二つを押さえておけば、これらを変換することでさまざまな物理法則がつくれるのです。

電気と磁気の世界というのは、非常によく似ています。電気の世界と磁気の世界とは、ある現象を別の視点から見ているようなもので、「こういう現象があるなら、こういう現象もあるだろう」というように対応するものを想定できるのです。相対論は、ある現象を動いている（たとえば流れに乗って動いている）別の人から見ると、どういう現象になるかを表現するものです。相対論の立場で考えれば、電流が流れれば磁場が生じるように、スピン流が流れるのであれば、それと垂直方向に電圧が生じるはずだと予測できます。等方的な物質であれば、メカニズムの詳細にかかわらず同じような現象が期待できます。

電流のつくる磁場を検出することで電流が測定されたように、スピン流のつくる電場を捉えることができれば、スピン流を測定できるのではないかと思いついたのです。同時に、その実験方法もおぼろげながら見えてきました。まだざっくりとしたアイデアだったのですが、学生たちをはじめ、周囲の人たちに話して回りました。誰かに話していると、頭の中が整理されていくものです。話す相手がたくさんいるのも重要だと思います。議論の本当のメリットは、人からアイデアをもらうこと以上に、他者に言語化して伝えることで、自分の考えがどんどん整理されていく点にあるようです。もし自分がスピンだったとしたら、どういう動きをして、どうすれば測定してもらえるのだろうか、というふうに想像することもありました。そうして議論を重ねていくと、やがて目標へいたるためのルートが見えてきて、そこまで到達できれば「この方法で実験に失敗したとしても、別の方法がある」といった次の一手にも考えがめぐるようになります。自分のアイデアをかたちにする第一歩は、議論までいかずとも、誰かに聞いてもらっているだけでよいのかもしれません。

限られた条件の範囲で実験するには

筆者の場合も、机に向かっているときだけではなく、歩いている最中や入浴中、人と会話しているときなどに面白いアイデアを思いつくことが多いです。特に、職場の周辺には散歩に適した場所がたくさんあり、思い返せば、研究初期のアイデアの多くはその最中に得ていました。

今でもよく覚えていますが、筆者はその日もキャンパスを歩いていて、図書館の手前にさしかかったところで、よい実験の方法をひらめいたのです。

研究室へ戻るのではなく、そのまま実験の共同利用施設に向かい、アイデアを実現するためにどのような実験装置を利用可能かを見て回りました。当時、筆者にはあまり研究予算がなかったため、試料を作製する機械や測定するための機器の多くは学内でレンタルしなければなりませんでした。自分が調達できる範囲の機器で、アイデアを実現させられるかどうかを確認しようとしたのです。

オランダのヴァン・ウィーズ博士が行った非局所磁気抵抗効果の実験は、とてもインパクトのあるものでした。しかし、筆者は今回は彼の実験とは別のアプローチをとるべきだと考えていました。彼が使っているような実験装置を揃えることはできませんし、彼らも手持ちの装置を最大限に活かした方法を考えて実験に挑んでいたからです。調達できる装置だけでどうやったら最先端の知見を支える論理を成立させられるか、しかもできるならば、いかに綺麗で美しく説得力のあるかたちで実験と論理を組み立てるか、懸命に考えました。

測定するべきスピン流がどれくらいの長さで消えてしまうのか、筆者が考えていた実験系では、さまざまなデータから5ナノメートル程度だろうと予想しました。5ナノメートルといえば、原子がだいたい50個並んだくらいの長さです。それほどの短い距離で、アッという間に消えてしまう現象ではありますが、スピン流を電流に変換し、その際に生じる電圧を測定できれば、間接的にスピン流を測定できるはずです。

相対論から存在を予測した、スピン流が電圧を生じさせる現象は、物質の中の電子の運動を具体的に考えることで、スピンホール効果の逆効果としても理解できることがわかりました。

先ほど、スピンホール効果について解説しました。非磁性の金属（磁性を持たない金属）に電流を流すと、アップスピンの電子とダウンスピンの電子が、スピン軌道相互作用によって進行方向を曲げられながら、逆方向に流れるようになります。そして、このときそれぞれの電子は逆方向へ向かうので電荷が相殺されて電流は流れませんが、アップスピンとダウンスピンの角運動量は逆方向へ流れていきますので、ここにスピン流が生じることになります。

このスピンホール効果とは逆に、何らかの手段でスピン流を発生させて、非磁性金属に流すことができたなら、アップスピンの電子の流れとダウンスピンの電子の流れは、スピン軌道相互作用を受けて進行方向を同じ向きに曲げられます。野球のピッチャーが右回転のボールを投げれば右へ、左回転なら左へ曲がるように、それぞれの電子は次々と同じ方向へ向かっていくことになりますので、電流や起電力が生じるはずです。これが、先ほど予測した電圧発生の具体的なメカニズムの一つになります（図3-5）。

これは、スピンホール効果の逆の現象なので、**逆スピンホール効果**と名付けました。

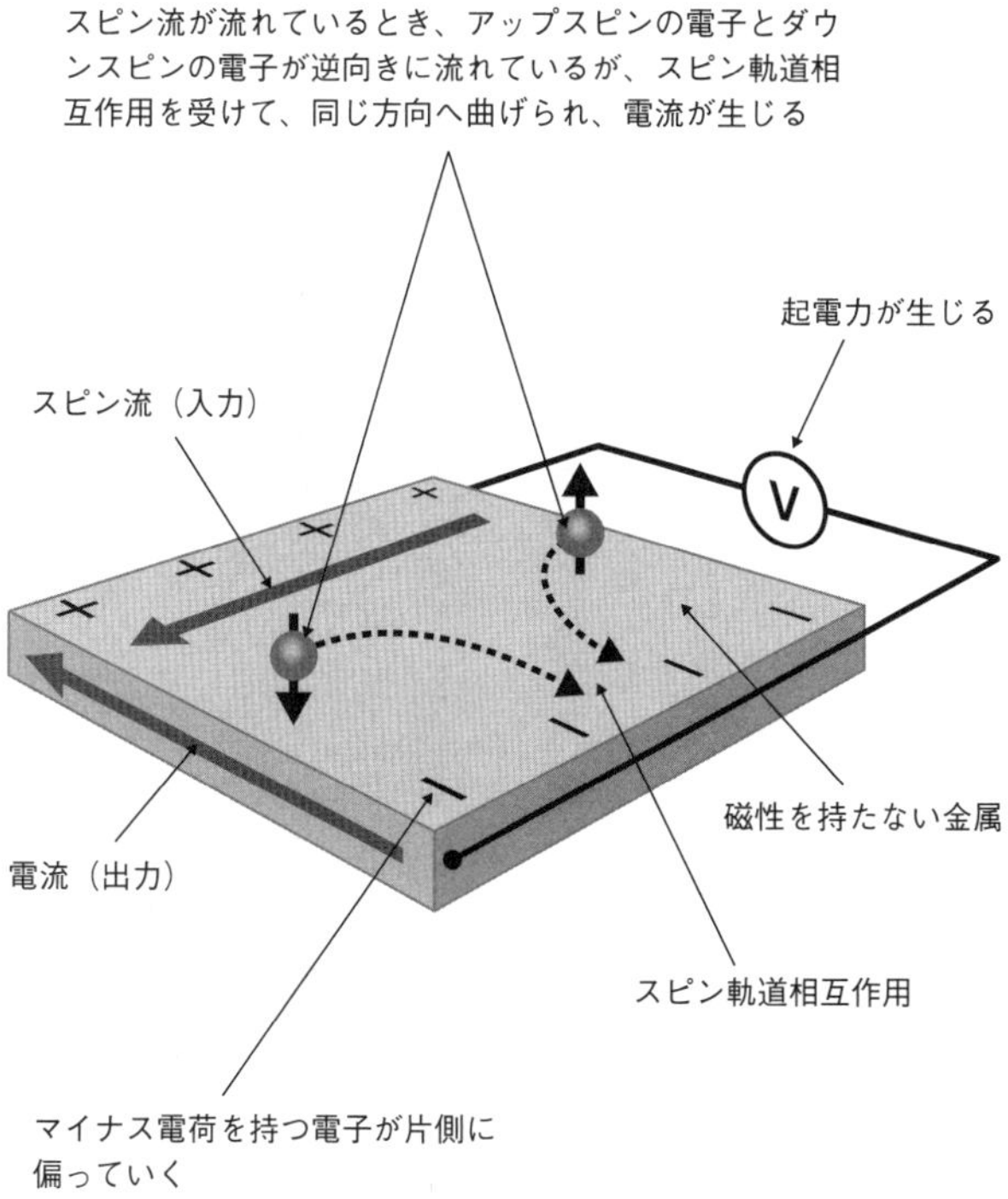
スピン流が流れているとき、アップスピンの電子とダウンスピンの電子が逆向きに流れているが、スピン軌道相互作用を受けて、同じ方向へ曲げられ、電流が生じる
起電力が生じる
V
スピン流（入力）
磁性を持たない金属
電流（出力）
スピン軌道相互作用
マイナス電荷を持つ電子が片側に偏っていく

図3-5 逆スピンホール効果
スピン流はアップスピンの電子とダウンスピンの電子が逆方向へ流れている状態である。それぞれの電子はスピン軌道相互作用のため、進行方向が曲げられる。スピンの向きと流れる方向それぞれが逆であるため、どちらの電子も同じ方向へ向かっていき、電流と起電力が生じる。
『スピン流とトポロジカル絶縁体 量子物性とスピントロニクスの発展』（齊藤英治・村上修一 共立出版）をもとに作成

逆スピンホール効果で生じる起電力を測定するためには、スピン流をつくり、注入しなければなりません。そこで思いついたのが、ある意味「ファラデーの電磁誘導のスピン版」ともいえる**スピンポンピング**という現象です。コイルの内部に磁石を出したり入れたりと振動させると、コイルに電流が流れるのが電磁誘導ですが、強い磁性を示す強磁性体の磁気モーメントを利用して、磁気モーメントの回転運動からスピン流を発生させるのがスピンポンピングです。当時はまだ実験的な証拠は多くはなかったのですが、うまくいけばスピン流を測定することでスピンポンピングも同時に実証することができるかもしれません。

似たような現象を考えていた人はたくさんいたと思います。その形跡がある論文がたくさんあるからわかるのです。彼らは、スピン流という現象が5ナノメートルであるとか10ナノメートルであるとか、とてもわずかな距離で消えてしまうものだから、最先端のナノテクノロジーを駆使して、試料に小さい加工をしようとしていました。とはいえ、原子にして50個程度という範囲で試料を切り刻むようなことは、とてもたいへんなわけです。そこで筆者は、試料を切り刻むのではなく、膜にしてしまえばいいのではないかと思いつきました。膜はそもそも数十ナノメートルの薄さで均一なものをつくれるので、複雑なナノテクノロジーは必要ありません。しかも、ナノテクノロジーを使って加工したら1カ月はかかるはずですが、膜なら数時間でつくれます。

試料の構造は、スピンポンピングを起こし、そのスピン流を注入する物質の膜と、注入されたスピン流を電流に変換する物質の膜という2層からなります。酸化シリコンを基板にして、その表面に薄膜をつくるというシンプルなプロセスです。

次は、試料の2種の膜の材質をどうするか、その選択をしなければなりません。「スピン流を注入するための物質」と「スピン流から電流に変換しやすい物質」が必要です。「スピン流から電流に変換しやすい物質」は、スピン軌道相互作用がより大きいもののほうが望ましいことから、周期律表の下のほうにあるものがよいだろうと直感しました。中でも、簡単につくることができて、化学的にも安定している物質は、原子番号78の白金、プラチナです。

金などは真空中で熱すると簡単に蒸発して、薄膜をつくることができますが、その薄膜は簡単に剝がれてしまいます。それに対し、白金の薄膜はよく付くのですが、融点が1700℃以上なので、そこまで高い温度でないと蒸発しません。銅も候補に考えましたが、銅の薄膜というものは非常によい真空の中で作製しなければ、サビがたくさん混ざって酸化した状態になってしまいます。白金に比べれば、銅はとても安価であるものの、薄膜にするためには労力とコストがかさむため、選択肢から外しました。スピンを注入する物質に選んだのは、ニッケルと鉄の合金で**パーマロイ**と呼ばれている素材です。磁場に対する反応がとてもよく、かつ化学的にとても安定で、研究室ですでにノウハウが蓄積されています。

実験が始まる

幸運なことに、やる気に満ちた学部生や大学院生たちが実験に協力してくれました。試料をつくるものも測定するものも、装置は全部共有設備です。みんなでラックをつくって、そこに機器を積み込んで、ガラガラと運んできて実験を始める、ということをやっていました。

いよいよ、実験が始まります。「スピン流を注入するための物質」のパーマロイは、ニッケルと鉄をだいたい7対3の割合で混ぜたものを用意し、金属を高温で蒸気にしてシリ

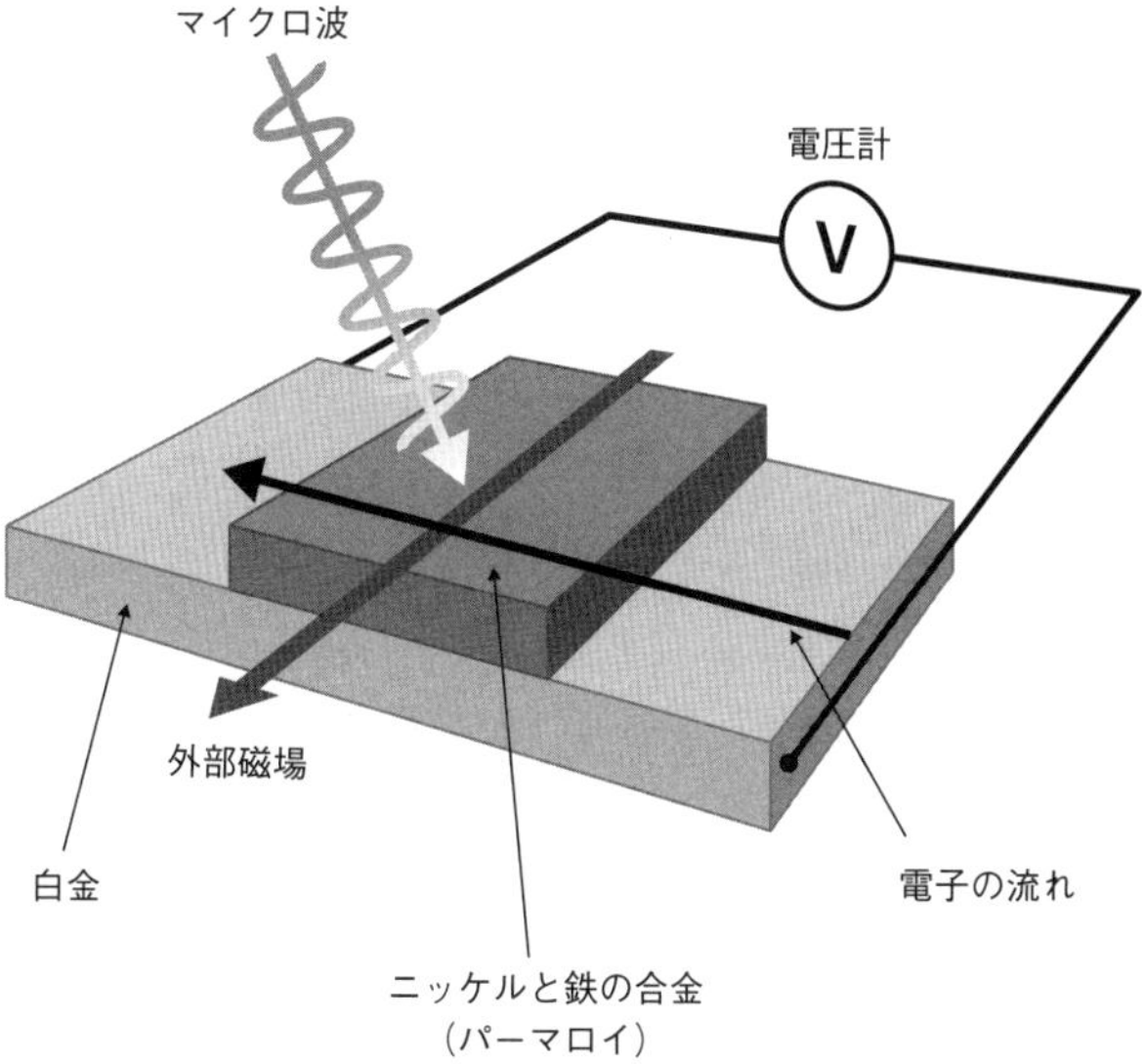

図3-6 スピンポンピングを利用したスピン流の測定

磁場の中に強磁性体（パーマロイ）を置くと、パーマロイの磁気モーメントは歳差運動（コマのようなすりこぎ運動）を始め、伝導電子はその歳差運動の一部を受け取り、スピン偏極する。このスピン偏極した伝導電子が拡散し、白金にスピン流が流れるスピンポンピングが起こる。
この歳差運動と同じ周波数のマイクロ波を照射することで、強磁性共鳴状態と呼ばれる定常的な歳差運動が起こり、白金に定常的にスピン流を流すことができる。白金に注入されたスピン流は、逆スピンホール効果によって電流に変換され、その起電力を電圧計で測ることでスピン流を測定する。

『スピン流とトポロジカル絶縁体 量子物性とスピントロニクスの発展』
（齊藤英治・村上修一 共立出版）をもとに作成

コンの基板に付着させる方法（蒸着）で薄膜にします。「スピン流から電流に変換しやすい物質」として選んだ白金は、さらにそこにスパッタという手法を用いて薄膜にします。

スピンポンピングという現象は、強磁性体の磁気モーメント（磁力の大きさと向きの量）の運動からスピン流を生成するものです。

パーマロイは強い磁性を持つ強磁性体です。その内部には非常にたくさんの電子が存在していて、磁場の中に置くと、電子のスピンの磁気モーメントが歳差運動を始めます。歳差運動は、コマを回したときなどに見られる、回転軸がすりこぎのように首振りをする運動のことです。周期的な運動をするものには**固有振動数**といって、個々にとっての特別な周波数があります。身近な例でいうと、冷蔵庫が「ブーン」と低く鳴る音で、その特別な周波数の波や振動が入ってくると、その波を強力に吸収して大きく振動を始めます。スピンにもそうした振動数が決まっているので、その振動数のマイクロ波を照射すると、**強磁性共鳴**という共鳴現象を起こし、磁気モーメントの歳差運動を起こし、スピンポンピングによりスピン流を流すようになるのです。

強磁性体のパーマロイと白金の薄膜を使った実験が始まり、学生も活躍してくれました。実験から1カ月ぐらいした頃でしょうか。「信号が見えました」と報告がありました。パ

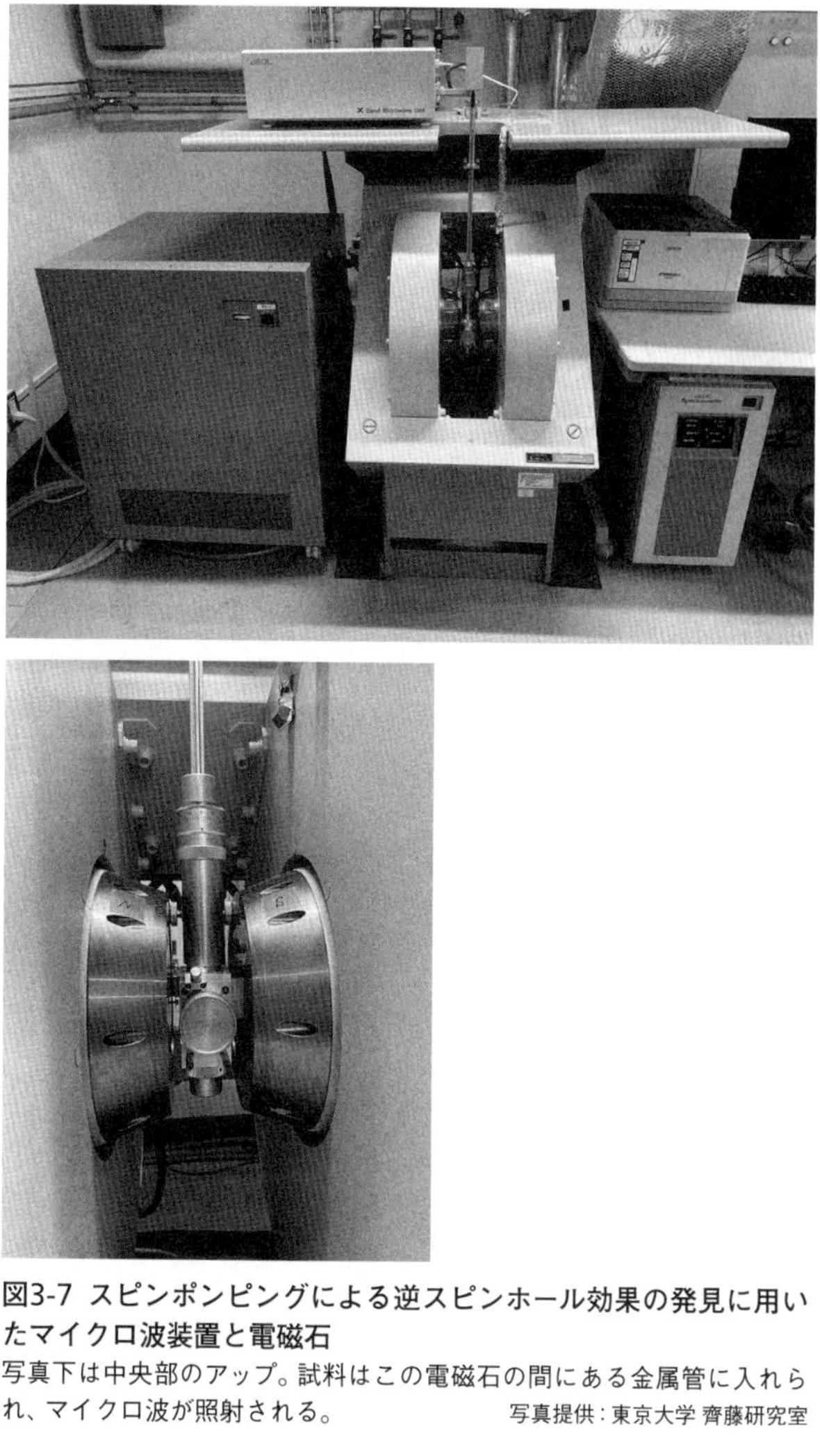

図3-7 スピンポンピングによる逆スピンホール効果の発見に用いたマイクロ波装置と電磁石

写真下は中央部のアップ。試料はこの電磁石の間にある金属管に入れられ、マイクロ波が照射される。　写真提供：東京大学 齊藤研究室ーマロイは厚さ20ナノメートルで、縦6ミリ、横4ミリというサイズですが、大きな試料では逆スピンホール効果による出力電圧が増幅されるため、観測の効率が向上するのです。この起電力によってスピン流を計測できるという現象を世界で初めて実証しました（図3-6、3-7）。

「できすぎている」と疑われた実験

実験は成功し、学生は理論的な解析までこなしながら卒業論文をまとめました。しかし、それでデータが完全に揃っていたわけではありません。きちんとした論文のかたちにしようという段階になっていたため、さらなる実験を重ねていく必要がありました。論文として発表するためには、系統的な実験で複数のデータを用意して、理論を補強していかなければなりません。そこで、新しく着任した研究生に実験を引き継いでもらうことにしました。

まだアイデアを構築していた段階から、こうすれば絶対にスピン流を測れるなと思っていた実験が成功して、2カ月ほど経った頃のことです。彼が「どうしても信号を測定できません」と言ってきたのです。

何が起きているのだろうかと考えても、とても信じられません。実験の成功はすでに卒業論文で発表していたわけですし、それが間違っていたとしたら、たいへんなことになります。

そこで、最初の学生を呼んで、食事をしながら、思いつく限りを話してくれるように頼みました。筆者も実験の全てを見ているわけではなく、知らない何かがあるのかもしれません。彼は実験に関する経緯や自身のノウハウなどを事細かに話してくれましたが、何の問題も思い当たりません。全て、自分が理解している範疇《はんちゅう》の内容です。

何かが変であることは間違いなく、それを突き止めなければ、実験は続けられません。筆者は、実験室で装置や試料を一つひとつ見直しました。すると、マイクロ波を照射する装置の一部に小さな不備が見つかったのです。マイクロ波と共振させるための装置に付いている金《きん》の薄膜が、少し剝がれていたのです。金は剝がれやすく、「ひょっとして、こういう小さなことが問題なのか」と思い、装置を交換したところ、すぐに信号を測定できるようになりました。

おかげで、筆者らは２００６年に、スピン流の測定に関する最初の論文を無事出版することができたのでした。

それからずっと後の話になるのですが、共同研究をすることになった外国の研究者から「実は、あのとき、私があなたの論文を査読したのです」と聞かされました。第一印象として「こんな話はあり得ない。できすぎた話で、何かが間違っているはずだ」と思ったそうです。筆者からすれば、それは逆に、望んだ通りにカッコよく実験を成功させたことを示しているようで、嬉しく感じました。「これだ！」という実験の方法をつくり出し、自分の考えを綺麗に証明することは学者としての美学であり、一番の喜びかもしれません。

スピン流を測定できるようになったということは、新しい科学を開拓する可能性ができたということです。測定技術を手に入れたことで、今までに存在しなかったスピン流の基礎物理学がつくられ、応用できる現象もどんどん見つかっていくでしょう。そうなれば、やがて電荷を利用したエレクトロニクスと同様、スピンを利用したスピントロニクスの広がりが発展していくであろうと期待が膨らみます。

第4章　スピン流の物理学が始まる

新しい物理現象があるはず

スピン流に関する物理現象には、未知のものがいくつもあるに違いありません。スピンの世界と電気の世界は、真空中では相対論的に綺麗に結び付いています。そのため、物質中のスピン流現象についても細かい機構まではわからないにしても、どういう種類の現象があるべきかわかってしまうのです。それは、「こんな現象はあってはならない」ということもいえますし、「こういう現象があるはずだ」ということもいえるということです。

たとえば、導体の両端に温度差を与えると、この温度差が電圧に変換されることが知られています。1821年にトーマス・ゼーベック（1770〜1831）が発見したこの現象は、**ゼーベック効果**と呼ばれています。それに対応するような現象がスピンの世界にもあるはずです。熱があるところでは、ミクロな磁気モーメントの方向がきちんと定まっているわけではなく、**熱ゆらぎ**といって、ふらふらしています。しかし、ふらふらしているのだけれど、完全にランダムなわけではありません。スピンや磁化には、磁性体の磁化に対して「反時計回りに回りたい」という性質があります。このように向きが揃って一方向へ流れる性質を**整流性**といいます。これは、熱ゆらぎの結果、磁化の右回り回転が自発的に生まれてしまうことを意味しています。これは磁化を持つ磁石という**時間反転対称性**がない系と、熱ゆらぎでふらふらしたものが合わさったときに現れる現象なのです。ということは、先述のスピンポンピングのようにマイクロ波をパーマロイに照射してスピンを回し、そこからスピン流をつくるようなことをせずとも、熱を加えるだけでスピン流がつくれてしまう可能性を示唆しています。つまり、磁石と金属を付けておいて、磁石のほうだけを温めると、磁気をつくり出している磁化は熱ゆらぎによってランダムに動くけれど、平均としてはどちらかの方向に回転することになり、そこから自然にスピン流をつくれるということです（**図4-1**）。

熱でスピン流をつくれるのか

電子には電荷とスピンという二つの性質があるので、物質の分類には電荷に関する分類とスピンに関する分類が絶対にあるはずだと考えました。

物質は長らく電気（電荷）を流すかどうかで分類されてきました。電気（電荷）をよく流すものを**金属**（**導体**）、流さないものを**絶縁体**、その中間のものを**半導体**と呼び、これが物質の分類の基本でした。しかし、電荷を流すかどうかとスピンを流すかどうかは、一般

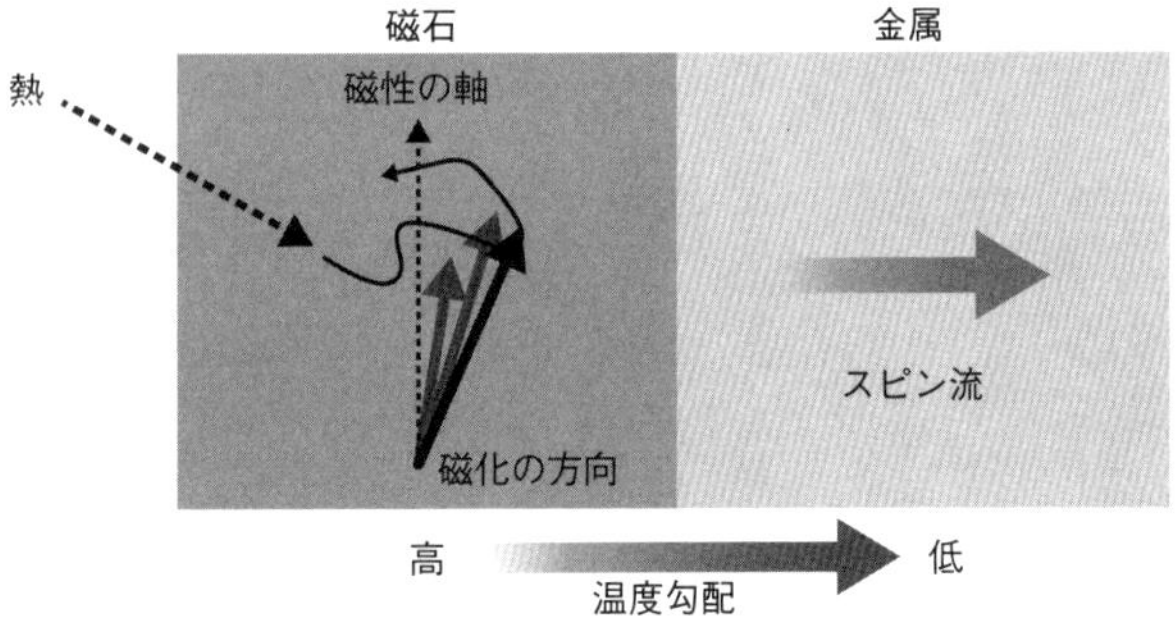

図4-1 熱からスピン流をつくる
磁石に熱を加えると、磁気をつくっている磁化は熱ゆらぎによってふらふらするが、平均として、ある方向に偏った回転をする。これによりスピン流がつくられ、金属に流れ込むと考えられる。
『スピン流とトポロジカル絶縁体 量子物性とスピントロニクスの発展』（齊藤英治・村上修一 共立出版）をもとに作成

的に同じではありません。電荷にとって電流が流れやすい導体と流れにくい絶縁体があるように、スピンにとっても流れやすい導体と流れにくい絶縁体があるはずです。つまり、電流とスピン流をそれぞれ流すかどうかで、計四つの分類があるのが自然なはずだということになります。スピンの物理学を構築することで、今までの私たちの物質観そのものを広げることになるのです。

逆スピンホール効果でスピン流を測定しようと実験していた頃から気に留めていたのですが、スピン流が流れやすそうな物質は何かと考えていくうちに、ある程度のリストが思い浮かんでいました。その中に**イットリウム鉄ガーネット（YIG** yttrium iron garnet）というものがあったのですが、鉱物から採取することもできる半面、自分でつくろうとするとたいへん手間のかかる物質です。ＹＩＧの膜の製造のおおまかな工程は、まずるつぼの中で鉛とほかの材料を入れて熱します。すると、鉛の影響でほかの材料の融点が下がって、少し加熱すると、ドロッとした液体がつくれるのです。その溶液を冷却して鉛の中から結晶を成長させるのですが、鉛を高温にする必要があり、鉛は有毒です。こうしたものを扱うために、筆者は必要な資格を取得していますが、さらにきちんとした装置と、有毒な蒸気を環境に漏らさないための厳重な設備が必要なので、簡単につくることはできません。

ＹＩＧを使って、熱からスピン流を生じさせようというアイデアは、さすがに現実的には難しいだろうと、これから先の手段としてとっておくことにしました。

そんなとき、研究室に在籍していた当時大学4年生の内田さん（現在は物質・材料研究機構〈ＮＩＭＳ〉磁性・スピントロニクス材料研究センター　スピンエネルギーグループ 内田健一上席グループリーダー）が、熱に興味があると言っていたのを思い出し、すぐに実験可能なニッケルと鉄の合金パーマロイと白金を使うところから実験を始めることにしました。

まず、パーマロイに白金の薄膜を貼り、パーマロイの両端に温度差を与えることで熱の流れを発生させ、この熱ゆらぎでアップスピンとダウンスピンとをパーマロイの両端に蓄積させることができれば、それらのスピンが白金へ流れるだろうと考えたのです。ここで生成されたスピン流は逆スピンホール効果によって電流に変換し、その起電力を電圧計で測定することで、スピン流が流れたことやその量を測定していきます。予想では、パーマロイの温度差に比例した電圧が測定できるはずです。

実際に実験してみたところ、数カ月で熱流からスピン流の生成が確認できました（図4-2）。

金属の両端に温度差を与えると電圧が生じるというゼーベック効果に対応したスピンの世界の現象ということで、この現象を**スピンゼーベック効果**と名付けました。これが世界で初めてスピンゼーベック効果を観測した実験で、内田さんの学部卒業研究でもあったのですが、これをまとめた論文は「ネイチャー」２００８年10月に論文掲載され、新聞などでも報道されました。

しかし、全てが順調であったわけではありません。内田さんと筆者はスピンゼーベック効果に関するちょっとした理論を考えて、ある程度満足していたのですが、それが後に起こる「論争」の火種となってしまいます。

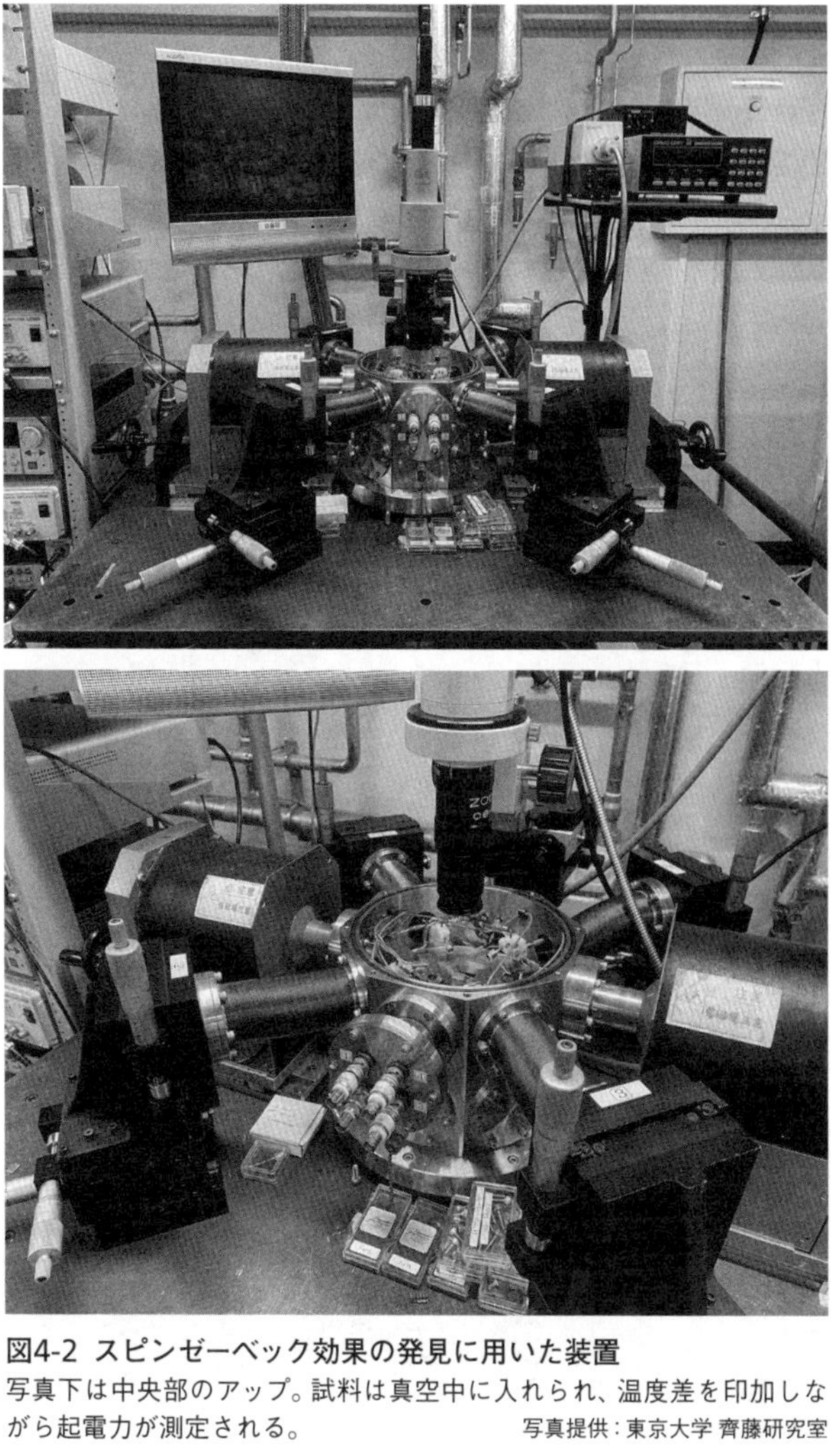

図4-2 スピンゼーベック効果の発見に用いた装置

写真下は中央部のアップ。試料は真空中に入れられ、温度差を印加しながら起電力が測定される。　写真提供：東京大学 齊藤研究室

スピンにギャップはあるか

パーマロイと白金を使ったスピンゼーベック効果の実験は、内田さんの努力により1年たらずのうちに成功しました。次はパーマロイに替わり、YIG（イットリウム鉄ガーネット）という試料を使ってスピンゼーベック効果を検証する実験を行うことにしました。

なぜ、YIGという物質に注目したのかといいますと、まず自分の中に蓄積してきた「物理と物質科学の引き出し」を片っ端から探って「スピンが流れるというのはどういう現象であるか」というところから考えてのことでした。そもそも、材質によって電流の流れやすさは変わりますが、それはどういう仕組みで決まっているのか、というところから整理していくのです。

結晶の電子状態を示すバンド構造において、電子技術を支えている半導体には**バンドギャップ**というものがあります。「電流が流れやすい物質」と「電流が流れにくい物質」の間が半導体ですが、電子のとりうる状態をエネルギー順に下から並べると、**図4-3**のように電子が詰まった状態（価電子帯）と空いている状態（伝導帯）との間にギャップがあるものがあり、これをバンドギャップといいます。これが大きいと、電流の流れない絶縁体となり、あまり大きくないと、半導体になります。だとすれば、同じように、スピンにも

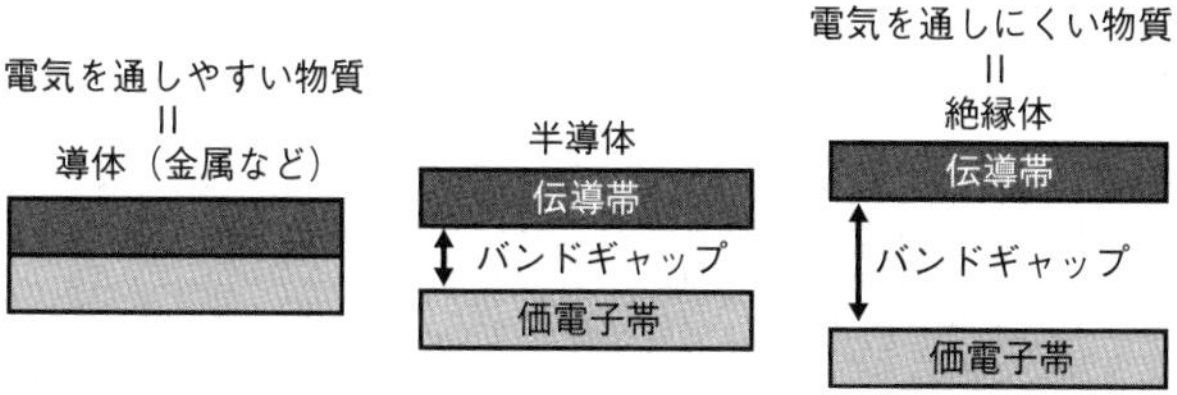

図4-3 バンドギャップ
「価電子帯」とは、原子核の周りを回っている電子の中で、原子核により近い内側の軌道に存在する電子のエネルギー領域。「伝導帯」は原子の比較的外側の軌道に存在する電子のエネルギー領域をいう。
金属のような「導体」と呼ばれる電気を流しやすい物質はバンドギャップがほとんどなく、小さなエネルギーで電子が動いていける。
「半導体」ではわずかなギャップがあるものの、電圧などエネルギーを加えることで、電子は移動ができる状態にある。
「絶縁体」はギャップが大きく、電子の移動は容易ではない。

流れやすさや流れにくさに対する**スピンギャップ**という概念があるはずです。

となれば、電気は流れないけれど、スピン流は流れる物質。つまり、電荷に対するバンドギャップがありながら、スピンのギャップがほとんどないような物質がよいことになります。そのような物質を使って実験すれば、電流は流れないのですから、確認した現象の全てがスピン流に由来するものだと考えてよいわけですし、いろいろな応用も考えられます。

スピンが流れるという現象にはさまざまな仕組みがあり得ます。スピンがどれくらい流れやすいかという点は、量子力学にもとづく計算法で導き出せるのですが、肝心なことは「スピンの向きをアップからダウン、ダウンからアップというようにひっくり返そうとするとき、どれくらいのエネルギーが要りますか？」ということで決まっているといえます。スピンの向きをひっくり返そうというときに、必要なエネルギーがとても大きい状況であるなら、スピンは注入できません。

少し難しい話になりましたので、身近な例を紹介しましょう。スピンギャップというものは、「その強磁性体がどれくらい強く磁化の向きが固定された磁性体であるか」ということに近いのです。

たとえば、冷蔵庫では冷媒を圧縮して液体にし、その圧力を解いて気体にする際の気化熱によって庫内の温度を下げています。この圧縮には強力なコンプレッサーが必要で、この装置には強力なモーターと、それを回すための強力な磁石が必要です。強力な磁石ほど、S極とN極がしっかり決まっていないといけないので、S極をつくる向きのスピンとN極をつくる向きのスピンが、ともに決まった方向にしっかりと揃う仕組みをつくって、強力な磁石を実現しています。S極をつくるスピン、N極をつくるスピンがともに決まった方向に揃っているということは、ひっくり返しにくい、ひっくり返すにはエネルギーをたくさん必要とするということなので、スピンを流しやすい物質は、S極、N極が揃いやすくない磁性体がよいのです。

　Ｓ極、Ｎ極があまり揃いやすくないという物理的な条件は二つあります。まず、電子の軌道（公転）の回転量が消えていることが重要です。鉄の原子から３個の電子を取り除いてしまうと、電子の軌道の回転量が消えることが知られています。これは「鉄の３価」という状態で、マイナス電荷の電子を３個失っているので、その分プラスに帯電しています。もう一つは、物質の結晶が立方体のようにできるだけ綺麗な対称性を持った構造をしていることも重要で、この二つの条件を満たせば、スピンギャップは小さくなるはずです。

　こうして調べていく中で、理論的にも理に適っていて、化学的な安定性があり、さらに電気は流れず、扱いやすさも兼ね備えている物質として辿《たど》り着いたのがイットリウム鉄ガーネット（ＹＩＧ）です。実は、ＹＩＧは昭和の時代に**磁気バブル**という現象の研究に使われていたそうで、科学者の間ではかなりよく研究された物質と捉えられていました。磁気バブルとは、磁化によってつくられた渦構造のことで、過去には、これをいくつも並べて磁化で「０」と「１」を表現することで、コンピューターのメモリーとして使おうという技術も開発されています。実際、１９８０年代初めには、富士通のパーソナルコンピューターなどにも搭載されていました。しかし、その後の半導体メモリーの急速な進歩に押され、使われない技術となっていたのです。そのため、2008年当時、YIGの作製方法をよく知っている人は、筆者の周囲にはいませんでした。

YIGの調達

スピン流を流すうえで筆者が最も理想的と踏んでいたYIG。それをどうしたら調達できるのかという問題は、ほどなく解決しました。筆者が当時参加していた科学技術振興機構（JST）の「さきがけ」の佐藤勝昭総括を通じて、YIGに関するノウハウを熟知している長岡技術科学大学のとある先生を紹介していただけたのです。ほかにも、浜松にあるFDKエンジニアリング社がYIGを製造していることを知って、ご紹介いただき、つくり方の貴重なノウハウを教えていただきました。さらにYIGのストックがあることがわかり、少し譲ってもらえることになったのです。譲っていただいたYIGはかなり前のストックです。古い試料は酸化していたり、水分を吸収していたりして、精密な実験で安定して使えないことが多いのですが、そのYIGは何の問題もなく実験に使えました。YIGはそれほど安定した物質であるということです。

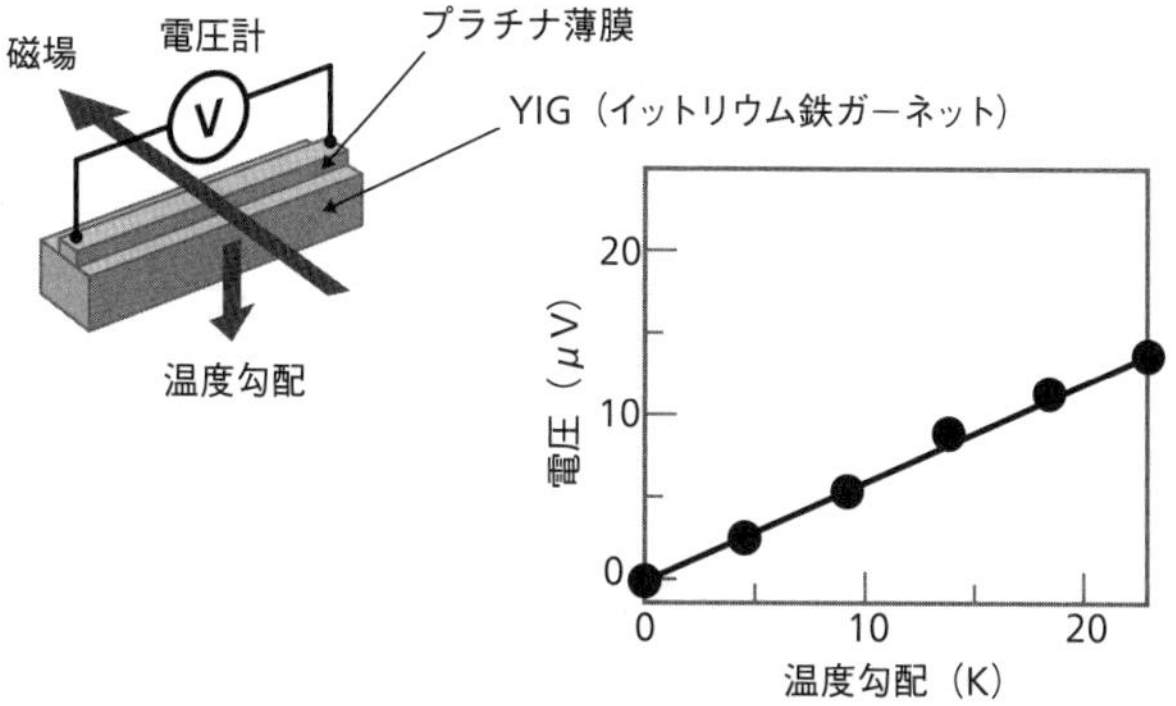

図4-4 YIGを使ったスピンゼーベック効果の実験
温度差に比例して電圧が生じている。
『スピン流とトポロジカル絶縁体 量子物性とスピントロニクスの発展』（齊藤英治・村上修一 共立出版）をもとに作成

ＹＩＧはレーダーをはじめとするマイクロ波技術として軍事応用もなされていたこともわかりました。そのため、ウクライナなどには今でも大量に品質の高いＹＩＧの結晶がストックされているといいます。ドイツで磁気工学を研究するグループはウクライナから良質のＹＩＧを入手しており、我々の研究室にもドイツの研究者を経由してサンプルを送ってもらったことがありましたが、いずれも非常に綺麗な結晶でした。

　スピン流の研究が世界中で盛んになったことで、その後ＹＩＧの需要が急増したそうです。ＦＤＫエンジニアリング社の方も、「急にＹＩＧの注文が増えた」とおっしゃっていました。

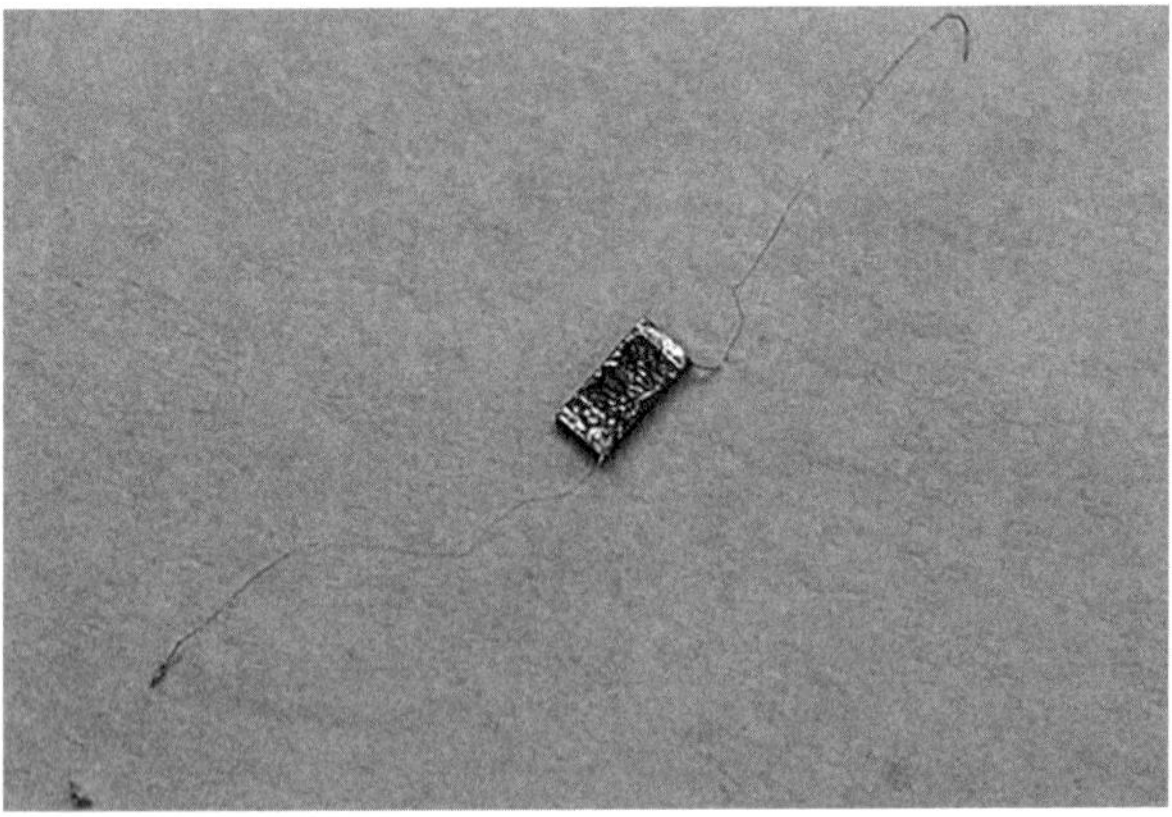

図4-5 YIG／白金試料（発見当時と同じ設計の試料）
同様の試料を用いて、スピンゼーベック効果が発見された。
写真提供：東京大学 齊藤研究室

調達までに紆余曲折《うよきょくせつ》がありましたが、さっそく念願のＹＩＧと白金の薄膜を使って実験してみたところ、最初の予想通り、綺麗なスピンゼーベック効果が測定できました（図4-4、4-5）。

（従来の）ゼーベック効果を利用して熱を電気に変換する素子のことを、**熱電変換素子**といいます。熱を直接電気に変換できることから、工場などでこれまで無駄に廃棄されていた排熱を電気として利用できることになり、現在、研究開発が盛んに進められています。

熱電変換素子はおもに半導体を使っていますが、スピンゼーベック効果を利用する熱電変換素子は（ＹＩＧなどの）絶縁体や金属を使ってつくることができ、さらに単純な構造で済みます。低コストで簡単に製造できるメリットとともに、丈夫で安定した新しい素子を確立できる可能性があります。

解決しない矛盾と援軍

スピンゼーベック効果の実験成功と並行して、忘れられないエピソードがあります。筆者は「熱とスピンの間でこのような現象があるはずだ」と予測はしていたものの、その現象のメカニズムを深く掘り下げていなかったのです。実際にスピンゼーベック効果を確認したことで、逆に筆者は大きな疑問に直面しました。「起こらないはずの現象が起きているように錯覚しているという可能性はないのか」と。

まず、パーマロイと白金の組み合わせからスタートしたところ、思った通りに現象を検出でき、YIGと白金の組み合わせではとても綺麗な結果を得ることができました。それらに対する理解は十分なのか、ある程度のところで満足してしまっているのではないかという自問自答に陥ったのです。その結果、困ったことに、その現象がどういう物理のメカニズムで生じているのかについて、より深い理解まできちんと追究していないことに気が付いてしまいました。

視点を変えてみると、物質には外から熱を加えても加えなくても、周辺にいわゆる「常温」という熱があるわけです。その熱ゆらぎのもとで磁化もゆらぎますが、磁化は先述のように「反時計回りに回りたい」性質があるので、平均的には、磁化はゆっくりと一方向に回り続けるはずです。この運動が止まることはありません。回転する磁化からは、スピンポンピングによりスピン流がつくられ、スピン流は逆スピンホール効果により電圧に変換されます。電圧は仕事をすることができます。つまり、何もない「常温」から勝手に仕事をさせられるので、**永久機関**のような発電機になってしまうということです。永久機関があり得ないことは、永久機関を禁示している**熱力学第二法則（エントロピー増大の法則）**を知っていれば自明です。

内田さんはたくさんの実験をこなしていくタイプで、実験を繰り返す中で「この現象は偽物ではない。スピンゼーベック効果は絶対に存在する」と確信を深めていきます。そこで、まずシミュレーションで計算してみようということになりました。すると、やはり熱力学第二法則に一見矛盾した結果が算出されてしまったのです。

この問題を早急になんとか解決しなければなりません。スピンゼーベック効果の存在を確信していた筆者は、「熱ゆらぎだけで熱力学第二法則を破ってしまうような現象は存在し得ないのなら、どのような錯覚が潜んでいるのか？」という疑問の答えを探すべく、試料の物質を変えてみたりしながら実験を重ねていきました。大学院生たちにも取り組んでもらい、何人もの研究者とも議論しました。それでも、解決の糸口をつかむことができない日々が続いていきます。

1年ほど経った頃のことです。ある日、その解答のヒントを持ってくることになる、シャオさんという若い研究者と筆者は出会うことになります。

今は東北大学材料科学高等研究所の主任研究者をされているゲリット・バウアー教授という方がオランダのデルフト工科大学に在籍していたとき、シャオさんはその先生のもとで研究をしていました。彼らとの議論の末に出した答えは「熱ゆらぎは必ず反作用とセットになっている」というものです。今思うと当たり前の概念なのですが、当時はまったく見えていなかったのです。

それは**ブラウン・ラチェット**という問題とほぼ同じ理由で解釈できます。ラチェットというのは、歯車の溝に「一方向にしか回らないように引っかける歯止めのための爪」を嚙《か》ませて、歯車がどちらか片側にしか回転しないようにする仕組みのことです。アメリカの

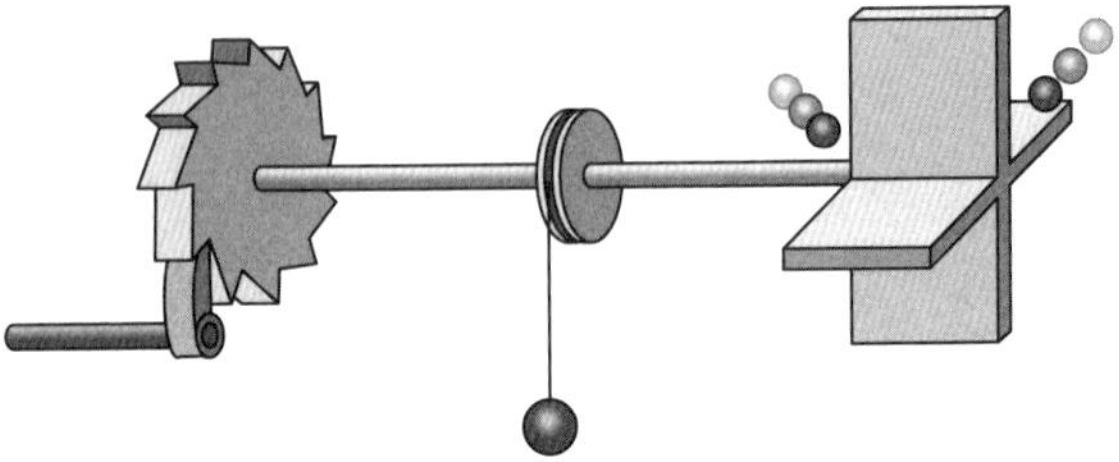

図4-6 ブラウン・ラチェット
ミクロの世界で、爪を噛ませることで一方向にしか回転しない歯車と、それと軸でつながった羽根車があるとする。

大気中には無数の分子があり、熱によって運動しているため、分子は次々に歯車にぶつかる。

歯車は爪が噛ませられているので、片側にしか回らない。ならば軸に軽い重りを取り付けたとしても、それを巻き上げるという「仕事」をすることになる。

これは永久機関か？


リチャード・フィリップス・ファインマン（1918〜88）が提示したパラドックスで、このラチェットがとても小さかったらどうなるか、という話から始まります。

図4－6のようなラチェットと、その軸を共有する羽根車があったとします。**ブラウン運動**といって、気体の分子はたとえ温度差のない室内であっても、その熱によって絶えず不規則に飛び回っているので、羽根車には気体の分子が次々にぶつかって、羽根車を揺らします。しかし、歯車に爪が付いているので、羽根車は一方向にしか回ることはできません。分子はどんどんぶつかってくるので、羽根車はやがて一方向に回り出しそうです。このとき、軸に軽い重りが付いていても、自発的に

それを持ち上げるという「仕事」をさせられそうに思えないでしょうか。

熱ゆらぎによってラチェットが勝手に回り出して仕事をするのであれば、これは永久機関ではないか、というパラドックスです。もちろん、永久機関は熱力学の第二法則によって、あってはいけないことになっているので、どうなっているのだろうというのが、ファインマンが提示したブラウン・ラチェットのパラドックスです。

熱力学には、第二法則（エントロピー増大の法則）というルールがあります。カップに入ったホットコーヒーの熱エネルギーは徐々に室内に散逸してしまい、やがて室温と同じ温度になります。しかし、散逸したエネルギーが集まってコーヒーを元の温度に戻すことは起こり得ません。勢いよく回した車輪も、摩擦や空気抵抗によって、やがてエネルギーが散逸して停止しますが、その逆は起こり得ません。この原理から、永久機関をつくれないことを示すことができます。

実際のところ、ブラウン・ラチェットの歯車は、気体の熱ゆらぎだけを考えていると一見回りそうな気がするのですが、回ることはありません。なぜなら、ブラウン・ラチェットが置かれた環境に熱ゆらぎがあるということは、気体の分子が羽根車にぶつかってくるのと同様に、ブラウン・ラチェットそのものにも熱ゆらぎがあり、気体の分子を跳ね返す力が発生していることを考えなくてはならないからです。すると、環境のゆらぎ、すなわち温度とブラウン・ラチェットの温度が等しい、つまり熱平衡にあるときは、両者のバランスがとれて、羽根車は回らない、というわけです。

スピンゼーベック効果の場合も、磁化は熱運動によって平均的には一方向にしか回れないうえ、回転を自発的につくってくれるものなので、これと似ています。そのため、ブラウン・ラチェットと同様に、逆効果が必ずあるはずです。磁化やこれを構成するスピンは環境（自由電子や結晶格子など）と相互作用しているので、環境から必ず逆の作用があって、スピン系だけを温めるとか、環境だけを温めるとか、何らかの非平衡状態をつくって熱ゆらぎのバランスを破らないと、スピン流が自発的に生じることは起こらないはずなのです。このメカニズムが成立すれば、熱力学の第二法則の問題はなくなります。

スピンゼーベック効果は、磁石の片側に熱を与え、磁石と金属の界面で磁化（スピン）と伝導電子を非平衡にすると、磁化の熱ゆらぎによるスピンポンピングとその逆作用がキャンセルしなくなり、スピン流が流れ込みます。いわば、**熱的スピンポンピング**といえましょう。

科学の世界の「戦争」

そこから半年ほどかけて論文を書き上げました。しかしその後、海外のある著名な教授からの激しい攻撃がありました。それは、「これはスピンゼーベック効果などというものではなく、界面磁化効果だ。界面で現れた磁化をスピンゼーベック効果だと誤って判断したのだ」という主旨でした。**界面磁化効果**とは、磁性体と金属を貼り合わせると、その界面の金属側に磁化が生成され、金属の中の界面に近い部分だけが磁石になる現象です。

筆者自身はさまざまな実験からその可能性はまったくないと確信していましたし、その挑戦を受けて立とうと思いました。そこで、彼の主張を反証するため、界面磁化効果が生成されることのない金属も使って実験を行うことにしました。界面磁化は伝導電子のエネルギーでの**状態密度**が大きい場合に起こる現象です。状態密度とは、マクロなサイズの物体が持つ性質に対して、微小世界を対象にした量子力学の考え方を当てはめ、状態の密度がエネルギーに対してどのように分布しているかを示す概念、というくらいに考えてください。

筆者は、状態密度が小さいながら、スピンゼーベック効果が現れるような物質を考え、金に辿り着きました。さっそく、金を使ってスピンゼーベック効果の実験を行ったところ、見事に成功しました。界面磁化効果などではないことを実証できたわけです。

　ほどなく中国の上海で学会が開催され、くしくも筆者は件の教授の前に講演することになりました。彼の講演内容も、タイトルからしてスピンゼーベック効果をある意味否定しようとしたものであるとわかっていました。筆者はまったく別のタイトルを学会前に発表しておりましたが、当日にタイトルをさしかえて、この内容を講演することにしたのです。今では物質・材料研究機構（ＮＩＭＳ）に在籍する中山さんが、学会発表の直前まで、日本でコツコツと実験を続け、講演の直前ギリギリまで最新のデータを送ってくれたことを覚えています。この一件で、スピンゼーベック効果は広く認められるようになりました。

第5章 物質の性質をコントロールする

三つの研究目標

逆スピンホール効果を発見した筆者は、2009年に科学技術振興機構（JST）のプログラムの一つ「さきがけ」に応募しました。前章で紹介した、YIG（イットリウム鉄ガーネット）を調達する際の手助けにもなってくれた、若手研究者のネットワークです。

さきがけは年に2~3回、同世代の研究者たちを宿泊施設に集めて、合宿形式で議論をする機会を設けています。合宿形式なので、学会では気軽に言えないようなことにまで話が及ぶこともあります。また、通常は研究室によって研究スタイルや研究に対する考え方がかなり異なりますので、そうした違いを知ることもできます。今後、研究はどんどん多様化し、複雑化していくと予想されることを思うと、ほかの研究者たちの異なる研究スタイルを見て、知って、理解していく機会はとても大切です。

かつての研究の現場では、「研究はこうあるべきだ」と型にはめて考えるような場面を目にすることがありました。特に日本では、武士道や相撲道、茶道などがあることからもわかるように、型をつくり、型に従うことを尊びます。しかし、筆者は研究においては型をあまり意識せず、より自由で柔軟な発想がよりよい成果を生むと考えています。

さきがけの合宿には、いろいろなバックグラウンドで育った人たちが集まるので、多様な研究の考え方やスタイルがあることを肌で知るいい機会です。同様の制度が海外にあるかというと、筆者は聞いたことがなく、日本独自のすばらしい制度だと思っています。

さきがけでは、筆者は三つの研究目標を掲げました。

一つめは、新たな物質観の創出です。第4章の冒頭でも少し触れましたが、これまで物質は電流の流れやすさによって分類されてきました。電気を流さないものが絶縁体で、少しだけ流すのが半導体、よく流すものを導体とか金属といっています。同様に、スピン流に関しても、スピン流を流さないもの、少し流すもの、よく流すものという分類ができるはずです。スピン流はよく流す一方で、電流は流さない物質が見つけられれば、スピン流の科学を築くうえで使いやすいものになるはずです。それは従来の物質の概念を変える、新たな概念の構築にもなるでしょう。

二つめは、従来の物理学ではスピンの存在はわかっていても、スピン流に関してはあまりにも微細なため、測定すること自体ができませんでした。そのため、スピン流を記述する物質中の基礎物理法則がまったくなかったに等しく、それを構築していくことです。

三つめは、スピン流を利用した素子の原理開発です。電子素子でいうエレクトロニクスのスイッチやコイル、コンデンサーなどに相当するものの原理をつくろうというわけです。

さきがけの勉強会は年に数回開催されますが、筆者の2回目の発表の頃になると、スピン流とその重要さについて深く理解してもらえるようになってきました。この頃、東北大学から教授にと誘いを受け、迷いもありはしたものの、2009年に慶應義塾大学から東北大学金属材料研究所へ移る決意をしました。東北大学金属材料研究所は、長年にわたり日本の材料科学の研究を牽引《けんいん》してきた研究機関であり、歴代の著名な研究者たちが在籍してきたことで知られています。

逆スピンホール効果やスピンゼーベック効果を発見した時点ですでに、今後のスピン流の広がりにおおよその見当がついていました。同じテーマで研究している科学者も、世界中にいるはずです。東北大学への移籍に当たっては、世界に負けないスピードとクオリティで研究成果を着実に出していくことが重要だと気持ちを新たにしました。

絶縁体に電気信号を流す

東北大学金属材料研究所での日々が始まりました。

スピンゼーベック効果の実験を支えたＹＩＧは、電気は流さないのに、スピン流はよく流れる物質、つまり絶縁体のはずです。ＹＩＧで生じるスピン流は逆スピンホール効果によって電流を生成します。それは、絶縁体であるＹＩＧを通じて電気信号を送受信できる可能性をも意味しています。

第2章で述べたように、通常、金属や半導体に電流を流すと、必ず電気抵抗によるエネルギーの損失、ジュール熱が生じます。パソコンを長時間使用していると、徐々に熱を持ってくることもそうですし、ホットプレートの発熱体などは、このエネルギー損失を故意に大きくすることで高熱を発します。この電気抵抗がまったくない状態が超伝導ですが、通常では特定の金属を絶対零度、つまり約マイナス２７３℃に近い極低温まで冷やさなければこの状態にはなりません。一方で、スピン流には狭い意味でのジュール熱はありません。ジュール熱とは長さ依存性が異なってよいのです。特に、スピンの向きを揃える力である交換相互作用によって伝わるスピン流は、超伝導と似た機構で流れるため、うまく利用すれば、絶縁体でも高効率に電気信号の授受ができるかもしれません。

そこで、ＹＩＧの薄膜の両端に白金の電極を取り付け、一方の電極から電流を流したところ、まるで絶縁体を通り抜けたかのように、もう一方の電極に電圧が発生することを確認しました。それまでの常識をくつがえし、「絶縁体にも電気信号を流せる」ことを実証したのです。さらに、磁場を加えることで、スイッチオンとオフのコントロールもできることがわかりました（図5－1）。

これは、入り口の白金電極で、スピンホール効果によって電流からスピン流に変換され、それがスピン波と呼ばれる、磁化の集団運動が運ぶスピン流としてYIGを伝わって、出口の白金電極で逆スピンホール効果によって再び電流に変換されたのだと説明できます。絶縁体はエレクトロニクスの分野では無用とされてきましたが、新しいスピントロニクスのデバイスへの可能性とともにスピン流の物理学を補強します。

この実験は、わかりやすいうえに常識をくつがえす成果だったので、新聞などでも「絶縁体で電気信号伝達」「夢の8割省エネ」などと大きく紹介されました。

スピン流の研究を始めた当初、筆者は周囲の研究者から「スピンを持った電子の電流とスピン流は、いったいどこが異なるのか」という質問を数多くされましたが、なかなか納得してもらうことができませんでした。しかし、この実験により、広く納得してもらうことができたようです。

その後も筆者は、YIG同様に、電流は流さず、スピン流は流す物質をいくつか見つけ

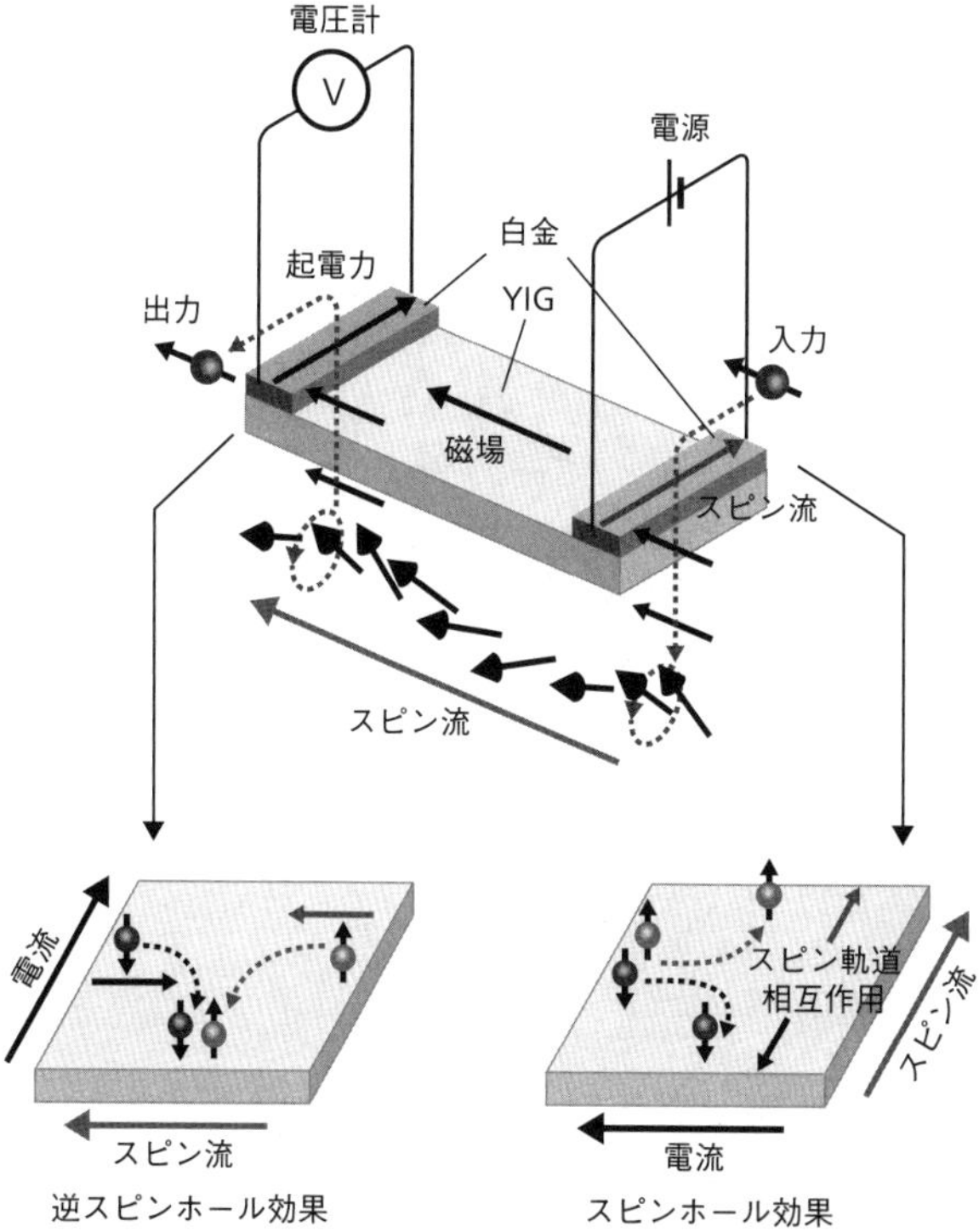

図5-1 絶縁体で電気信号を送る実験

絶縁体であるYIG（イットリウム鉄ガーネット）の両端に白金電極を付け、片方の白金電極に電気を流すと、電流はスピンホール効果によってスピン流に変換される。

そのスピン流は、もう一方の白金電極で逆スピンホール効果により電流に変換される。

また、磁場をかけることによってオン、かけなければオフと容易にスイッチを切り換えられる。

JSTプレスリリース「絶縁体に電気信号を流すことに成功」（平成22年3月11日）をもとに作成

出しました。現在では、電流の流れやすさだけでなく、スピン流の流れやすさによっても物質を分類できることが広く認識され始めています。

変換効率の問題

現在、スピン流は逆スピンホール効果を使って、広く起電力により測定されています。繰り返しになりますが、逆スピンホール効果とは、スピン流が流れると、その流れに対して垂直な方向に電流が流れる現象です。

太陽光から電気を得る太陽電池などは身近な例かと思いますが、光を電気に変換するなど、ある種類のエネルギーを違う種類のエネルギーに変換する際には、**変換効率**というものが重要になります。この効率がよいほど、実験でも実用でも使いやすくなります。

スピン流から電流への変換効率は、スピンを利用するスピントロニクスの研究をしている人たちにとっては重要な要素で、10%程度あれば、応用範囲はかなりあると見込まれています。しかし、現在のところ、変換効率は10%に遠く及びません。変換効率の性能がよい物質をできるだけ探していくことも大きな課題です。

実は、スピン流と電流の変換効率をほぼ100％にする可能性もなくはありません。アップスピンの電子とダウンスピンの電子が逆方向に進むとき、電流は打ち消し合う一方で、スピンは消し合わずにスピン流となります。多くの逆スピンホール効果では、スピン流があるとき、アップスピンの電子とダウンスピンの電子の流れがスピン軌道相互作用のために「わずかに」向きを変えられて、電流がつくられることになります。ここで「わずかに」ではなく「完全に」曲げるには、ある物質の性質として、「アップスピンは必ずこの速度を持っています」「ダウンスピンは必ずそれと逆方向の速度を持っています」という性質を持った物質が見つけられればよく、そうすれば電流とスピン流との変換効率がきわめて大きくなるはずなのです。実は、このような状態を示す物質があります。その話は第6章でお話しするトポロジカル絶縁体の発見につながっていきます。

物質の探索が急務

同様に、温度差によってスピン流を生成するスピンゼーベック効果についても、変換効率が重要になります。電気の世界のゼーベック効果と同様、スピンゼーベック効果にもそれを打ち消そうとする逆効果が現れます。この逆効果との兼ね合いで、全体の効率が決まります。実際のところ、変換効率はまだたいへん低く、この数値の低さの原因は、スピン流から電流をつくるときの変換効率がまだあまり高くないためなのです。

ここをクリアするためには、材料科学や化学の専門家の人たちにも研究に参加していただき、変換効率をよくする物質を探していかなければなりません。現象を見つけて、原理を考えて、さらにそれを効率よく利用するための物質を開発して、きちんと製造するための工程を整える。科学の枠を超えて、実用を考慮すれば、実際に使われる場からの要求にも応えていく必要があります。どのようなものにも当てはまりますが、一般に普及するようになるまでには、そうしたステップが欠かせません。

スピンゼーベック効果を利用した熱電変換素子の構想は、まだまだ入り口に立ったばかりです（図5－2）。

スピン流を発生させるために、よりふさわしい物質を探そうとしても、まだ明確な指針が少なく、そう簡単にはいきません。たとえば「シリコン」といえば半導体の材料として欠かせない物質であることが知られていますが、それは純粋なシリコンというわけではありません。シリコンという母体があって、そこに複数の不純物をドープ（添加）することで、目的に合った性能を発揮させているのです。ドープする元素の組み合わせやそれぞれ

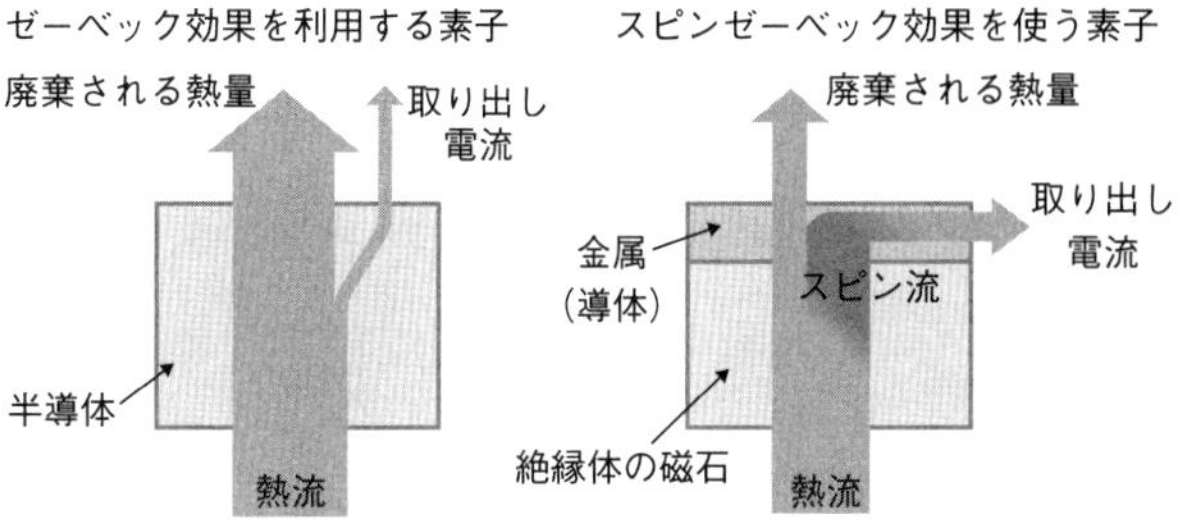

図5-2 ゼーベック効果の素子とスピンゼーベック効果の素子
ともに熱から電流を得る素子だが、電気の世界のゼーベック効果を利用する場合、使用するのは半導体で、熱流から得られる電流と熱流は同じ方向。スピンゼーベック効果を利用する場合、使用するのは磁石と金属（導体）で、熱が流れにくい（＝温度差が保たれやすい）磁石があれば、スピン流を増やせることになるので、電流も増える。
「NEC技報」 Vol.66 No.1 2013年8月 社会的課題解決に貢献するNECの事業活動特集「新原理『スピンゼーベック効果』による熱電変換の可能性」をもとに作成

の分量も考えると、ドープの量と組み合わせは無限に広がってしまいます。

今、筆者たちが直面しているのは、スピン流をつくり、それを流して、電気や熱に効率よく変換できる物質の探索です。しかし、スピン、スピン流、電流、熱には、それぞれ別の物理現象があります。その一つひとつに適している物質はあるのですが、それらが同じ物質であるとは限りません。こうした場合、全体として効率よく、使いやすくするにはどうしたらよいのかを考えていきますが、それをしらみ潰しに続けていくことは途方もない作業です。そこで、現在では**機械学習**を積極的に利用して、与えられたデータからパターンを分析し、結果を予測させていきます。どのようなことをするのかといいますと、まずいろいろな物質で実験をして、バンドギャップの計算などを行い、性質を追跡していきます。こうした計算や元素同士の組み合わせや組成を実験で調べたうえで機械学習を利用すると、あとは与えられたデータから結果を予測してくれますので、逆に「こういうデータがあれば、もっとうまく予測できそうだ」というポイントが見えてきます。そこをさらに調べてデータを補足していくと、機械学習は「今度はこの辺りのデータがたりない」とポイントを絞ってきます。こうした手順を繰り返していくと、「このファクターとこのファクターには相関があります」ということがわかってきて、実際に製造してみなければわからなかった材料開発を大幅に効率化できるようになったのです。この取り組みは**マテリアルズ・インフォマティクス**といい、日本では少し出遅れた感のある分野です。

磁石が持つ磁気モーメントは、無数のスピンによる磁気が決まった方向に揃ったときに発揮される性質です。磁石が産み出す磁力は、モーターを回転させ、その動力でさまざまな仕事ができるようになるほど物理的に巨大です。物質中で揃ったスピンを特定の方向に向けさせる原動力は、多くの物質でスピン軌道相互作用です。スピン軌道相互作用は、電子のスピンが産み出す磁気モーメントと、電子の軌道運動とが影響を及ぼし合う相対論効果です。この効果が非常に現れやすい物質にネオジムやサマリウムといった希少な金属があり、今のところこうした元素を使わない限り、強力な磁石は実現できません。ネオジム磁石は身近な強力磁石で、ホビー用などで市販もされている一方、性能を発揮するためには80℃以下でなければならないというような使用条件もあります。サマリウムとコバルトで構成されるサマリウムコバルト磁石は、ネオジム磁石に次ぐ強力磁石で、耐熱性や耐《たい》蝕《しょく》性が高いため高温下で使用するモーターや、超小型化にも対応しているため時計のモーターなどに使われています。

スピン軌道相互作用を取り入れ、さまざまな物質の電子構造を理解していれば、それら物質のコンビネーションによって、目的の電子状態をつくりだすことも可能になります。

たとえば、半導体のシリコンは周期表ではⅣ族の元素です。しかし、その前後のⅢ族とⅤ族の元素をある具合で混ぜ合わせることで、Ⅳ族のシリコンと似たような機能を持つ化合物半導体をつくれます。シリコンは安価なので、わざわざそうした化合物半導体をつくるメリットはないのですが、重要なことは、どのような電子構造であれば、求める性能を発揮させられるか、その原理を理解することです。

筆者は、マテリアルズ・インフォマティクスはこれからの日本に欠かすことのできない重要な手法だと思っています。今後、日本の研究者人口は確実に減っていきます。一九五〇年代中盤から七〇年代初めまで続いた高度成長期、日本が経済成長を牽引できたのは、その世代の方々が、昼夜問わず人海戦術さながらの働き方をされていたおかげです。それは企業に限ったことではなく、大学においても「人海戦術で多くの物質をとことん調べろ」と学生たちに役割を振っていたようなことさえあったと聞き及んでいます。このような働き方は今の日本ではとても許されませんが、中国などではマテリアルズ・インフォマティクスも盛んな一方で、かつて日本で行われていた人海戦術による材料開発も進められています。

研究者人口が激減する日本は、マテリアルズ・インフォマティクスを含む情報技術を積極的に利用してゆくしか方法がないのではないでしょうか。資源の乏しい日本においては、安価で使いやすい物質を使って、所望する機能をいかに上手に発現させていくか、これを限られた研究者で効率よく行うことが重要な戦略になります。

ハーフメタル

スピン流によって物質の捉え方が変わってきました。スピン流にとっての伝導体、スピン流にとっての絶縁体という概念は、従来のエレクトロニクスにおける金属や半導体以上の設計の自由度さえあり、物質観が広がります。面白いものの一つが**ハーフメタル**です。

電子には、上向き（右回り）のアップスピンと下向き（左回り）のダウンスピンの状態があります。これらがスピン流として流れるとき、一方に対しては導体として、もう一方に対しては絶縁体として振る舞う物質をハーフメタルと呼びます。たとえば、アップスピンは流すけれど、ダウンスピンに対しては絶縁体として振る舞うのであれば、ダウンスピンはほとんど流れず、ハーフメタルにはダウンスピンの自由電子だけが存在していることになります。アップスピンとダウンスピンの数の差の割合を**スピン分極率**というのですが、ハーフメタルの中のスピン分極率は100％に達します。

ハーフメタルを使うと、磁場を受けることで電気抵抗が変化する巨大磁気抵抗効果も、その大きなスピン分極率のおかげで大きくなります。そのため、巨大磁気抵抗効果を利用するうえで都合のよい材料になり、スピントロニクスにとっては使いやすい物質といえます。

昨今、**ホイスラー合金**と呼ばれる物質がハーフメタルとして利用されています。ハーフメタルで重要な点は、アップスピンの電子だけ、もしくはダウンスピンの電子だけと、完全に分極した伝導電子を容易かつ確実につくれる点です。

第6章　トポロジカル絶縁体は実在するか

トポロジーの概念が物質物理と結び付く

物理の世界の重要な原理の一つが対称性です。ある変換をしたとき、変わらないものがあるかどうかということを見てみて、変わらないものがあれば、その性質を対称性といいます。日常生活でも「左右対称」「上下対称」などと使うことがあるかと思います。

物理学の世界では、便利な道具として対称性を扱ってきました。高校の物理の授業では、エネルギー保存則や運動量保存則を習いますが、これらの保存則は時間と空間の対称性の帰結です。対象性に加えて、近年、**トポロジー（位相幾何学）**にもとづく、普遍的な物理の視点があることが明らかとなりました。

トポロジーは数学の幾何学における概念の一つで、連続変形のもとで保たれる性質に注目した図形の分類方法です。たとえば、図形を穴の数によって分類することがよく知られていて、トポロジーでは、コーヒーカップとドーナツは同じ分類になります。一方、コーヒーカップとソーサーは異なる分類になります。それは、穴の数が違うことによる分類です。ソーサーには穴がありませんが、持ち手のあるコーヒーカップと真ん中が空いているドーナツには、いずれも穴が1個あります。

コーヒーカップが柔らかい素材でできていたとすると、「穴が一つだけ空いている」と

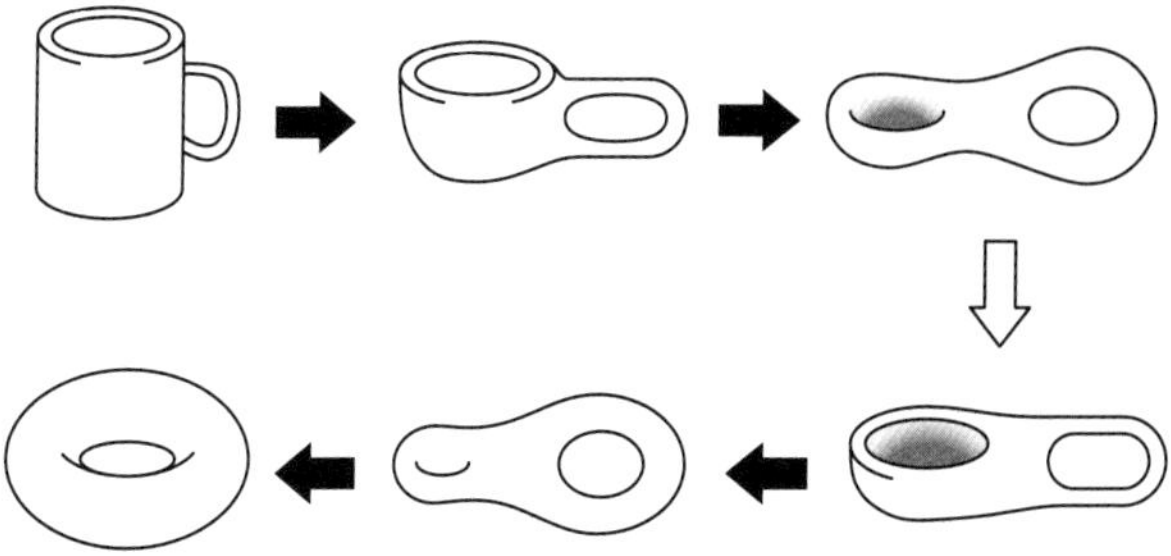

図6-1　トポロジー
自由に変形できる柔らかい素材があるとしたとき、「穴が一つ」という条件さえ満たせば、持ち手のところに穴があるコーヒーカップは少しずつ形状を変えて、ドーナツ形になってしまうこともできる。トポロジーでは、このようにコーヒーカップとドーナツは「穴が一つ」という条件を満たしているので同じ分類と考え、これをトポロジカルに同相という。

いう条件さえ満たせば、ドーナツをはじめ、ほかの似たような物にもグニャっと変形できるということです。このとき、「穴の数」という決まり事はトポロジーにおいて重要なポイントとなります。この決まり事が同じでさえあれば、一見形状がかけはなれていても、トポロジーとして同じであると考えられます。トポロジーでは、このように切れ目を入れたり、穴を空けたりせずに連続して変形できるものを「同一」と考えます（図6-1）。

トポロジーと物質の関係を拓く量子ホール効果

物質の物理とトポロジーの研究を活発化させるための起爆剤となったのは、1980年の**量子ホール効果**の発見です。

電子が金属を流れる際には、必ずジュール熱が発生して、エネルギーの一部は熱として外部に放出されて損失してしまいます。しかし、エネルギーを損失することなく電子が流れる現象もあり、代表的なものに超伝導電流と量子ホール効果の**端電流**があります。

超伝導は絶対零度（約マイナス273℃）に近い低温のもとで金属の電気抵抗が0になり、まったく損失なく電流が流れるという、古くから知られる現象です。ただし現在では、そこまでの低温でなくても電気抵抗がゼロになる**高温超伝導**の研究も進んでいて、超伝導になる転移温度も更新されています。

量子ホール効果は、半導体の表面や界面につくられた2次元電子系に垂直に強い磁場をかけたとき、**ホール抵抗**（電流と、それに垂直に生じる電圧の比）が階段状に2倍、3倍と、整数倍で変化する、つまり量子化される現象です。ある磁場の範囲の中では、表面や界面の端の部分、つまりエッジに沿って、電子がエネルギーを損失することなく一方向に流れます。

量子化という言葉は、よく耳にされるかもしれません。物理量を増やそうとしたり減らそうとしたりするときに、連続して増減するのではなく、飛び飛びの値で階段状に増減していくようになることがあります。これを量子化といいます。

電流を流そうとすると、ふつうは電圧をある方向にかけることになりますが、ホール効果では、**フレミングの左手の法則**のように、磁場があるせいで電流と直行する横方向からの力、**ローレンツ力**が生じます。つまり、電流は縦方向に流れながら横方向にも流されていくのです。このとき、縦方向の電流と、電子が横方向に流されるとき横方向に生じる電圧の比がホール抵抗です。

ローレンツ力が加わることにより、古典的には、電子はカーブすることを余儀なくされ、結果として円運動もするようになります。試料の端、エッジの近辺の電子は円運動をしようとしても、試料のエッジの先は何もない真空なので、真空にはみだしながら円運動をするようなことはできません。その回転の途中で跳ね返されてしまいます。そのせいで、電子はボールがバウンドして転がっていくように跳ね返りを続けながら伝わっていくことになり、面のエッジにだけ電流が流れる端電流という現象が起きます（図6-2）。

電圧をかけて電子を流す場合、電子は電圧の印加された方向に加速され、運動する格子などとぶつかり、その都度少しずつエネルギーを失っていきます。これがジュール熱です。しかし、量子ホール効果の端電流の場合、電子のローレンツ力による回転運動の向きにより、端に沿って進む向きが一つに決まってしまうため、格子などとぶつかって運動を変え

③

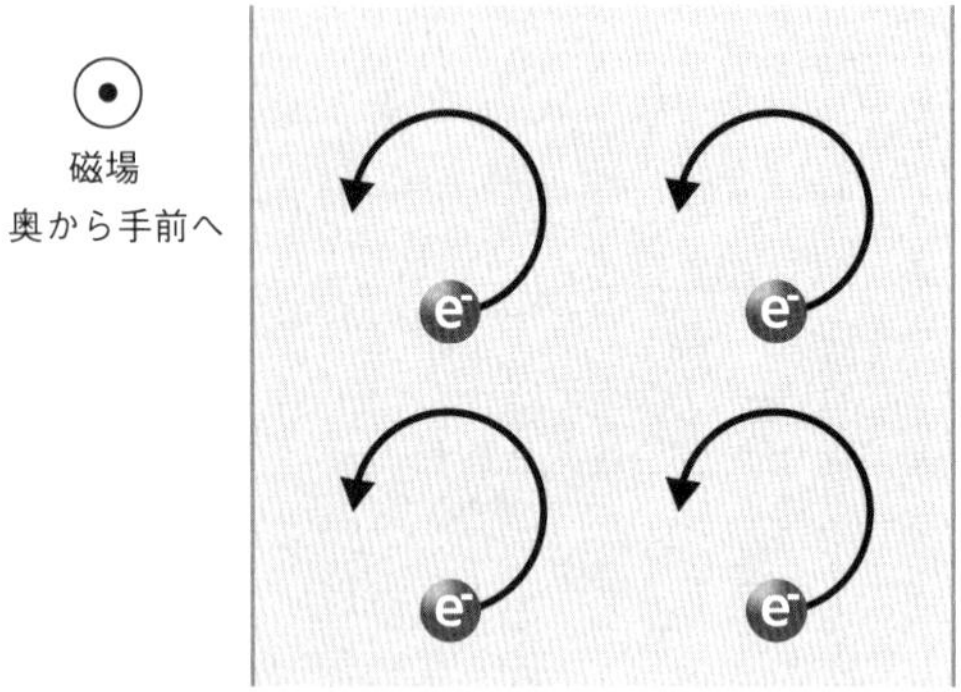

④

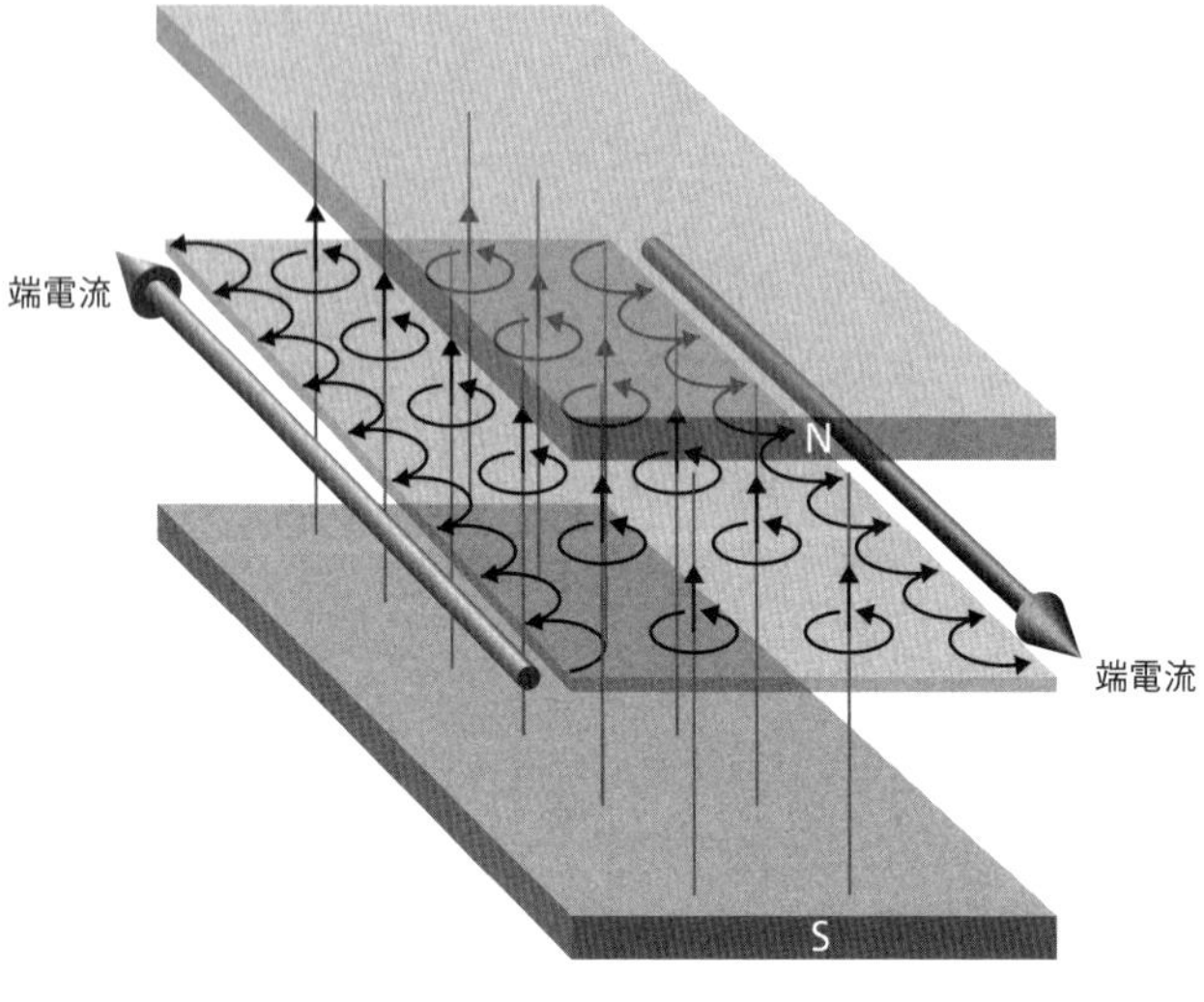

日本科学未来館 科学コミュニケーターブログ「わかったへの相転移④
量子ホール効果をトポロジーで説明 ～2016ノーベル物理学賞～」
（雨宮 崇　2016年12月09日）をもとに作成

①

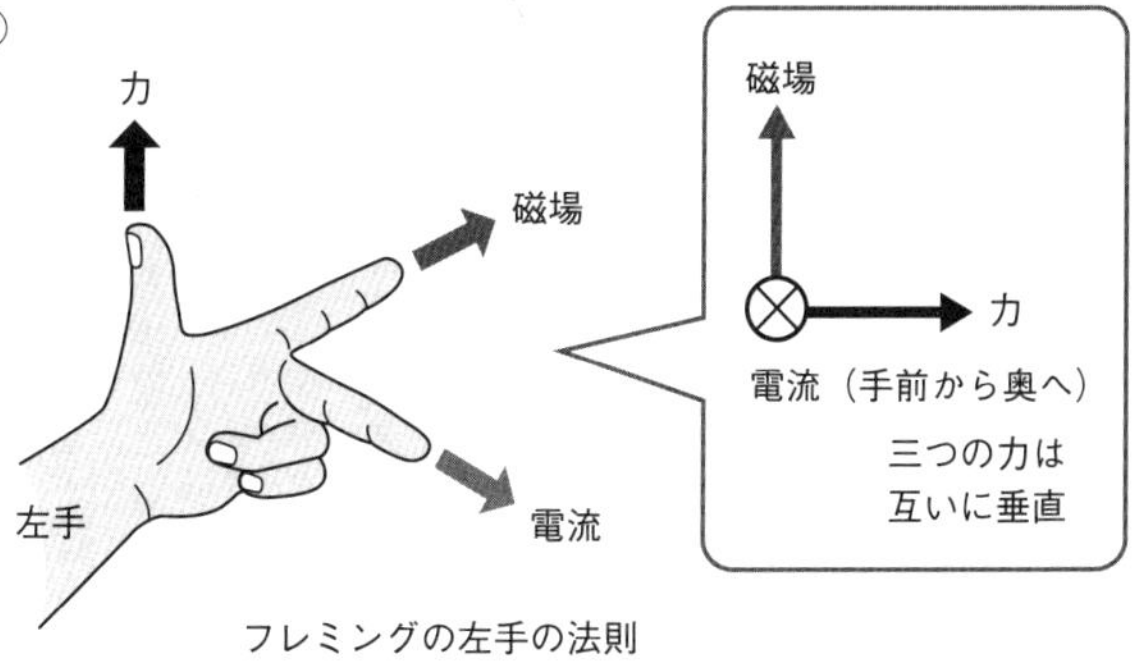

②

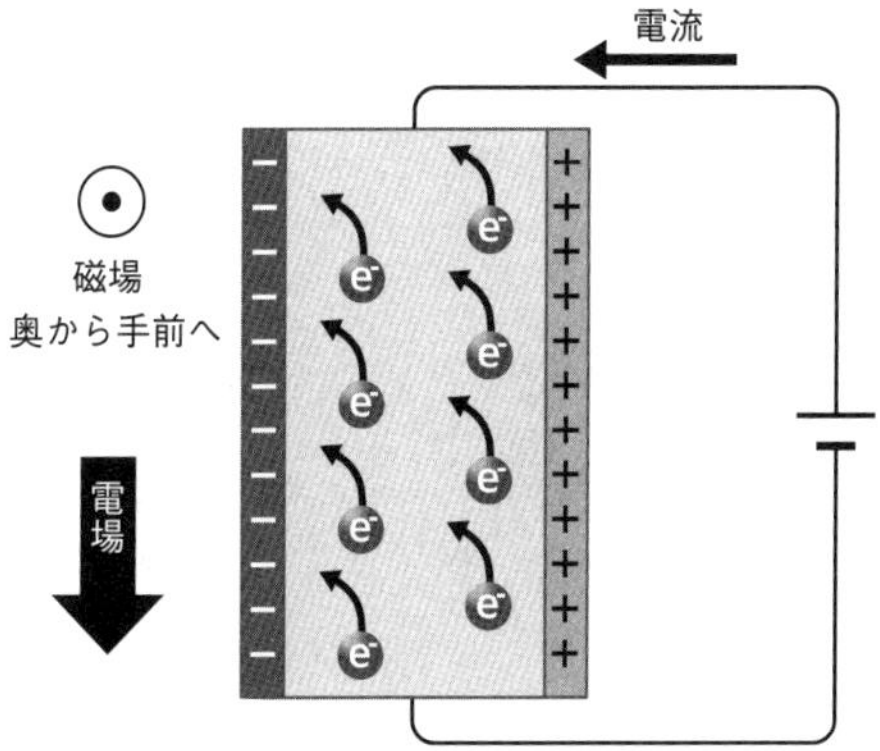

図6-2 2次元で起こる奇妙な電子の動き
半導体中につくられた2次元電子系に対して垂直方向に強い磁場をかけると、電圧によって流れている電流と磁場の両方に直行する方向に力が発生する（①）。
このとき、電子はローレンツ力を受けて曲がっていき（②）、電子は円運動をするようになる（③）。
このとき、試料の端（エッジ）近辺では、試料から先は真空になるため、電子は完全に回転することはできない。そのため、ボールがバウンドするように伝わっていくことになる（④）。これが端電流になる。

ることができません。これにより、エネルギーを失うことなく電子が流れることができます。ホール抵抗の量子化もこの機構を利用して、加えられた電圧が垂直方向の電極電位差に反映される現象として説明することができます。

この現象は、日本の理論物理学者・安藤恒也先生らにより理論的に示唆され、ドイツのクラウス・フォン・クリッツィング博士らが１９８０年に実験で証明しました。クリッツィング博士はその功績が認められ、１９８５年にノーベル物理学賞を受賞しています。

先ほど、量子ホール効果では、強い磁場をかけたとき、ホール抵抗が階段状に2倍、３倍と、ジグザグに整数倍で変化すると説明しました。ふつうに考えると、かけた磁場に比例して、抵抗が増えていくように思えるので、奇妙です。

図6-3のグラフを見ると、その奇妙さがよくわかります。ホール抵抗値を見ると、磁場がどんどん強くなっていくとき、ある時点で階段を上がるように急に上昇し、磁場がさらに強くなっていっても、そこからしばらくは同じ値のままでいて、またある時点でもう一段階段を上がるように上昇していることがわかります。これが量子ホール効果と呼ばれる現象です。

さらに、ホール抵抗値が「しばらく同じ値」であるとき、縦方向、つまりもともと電子

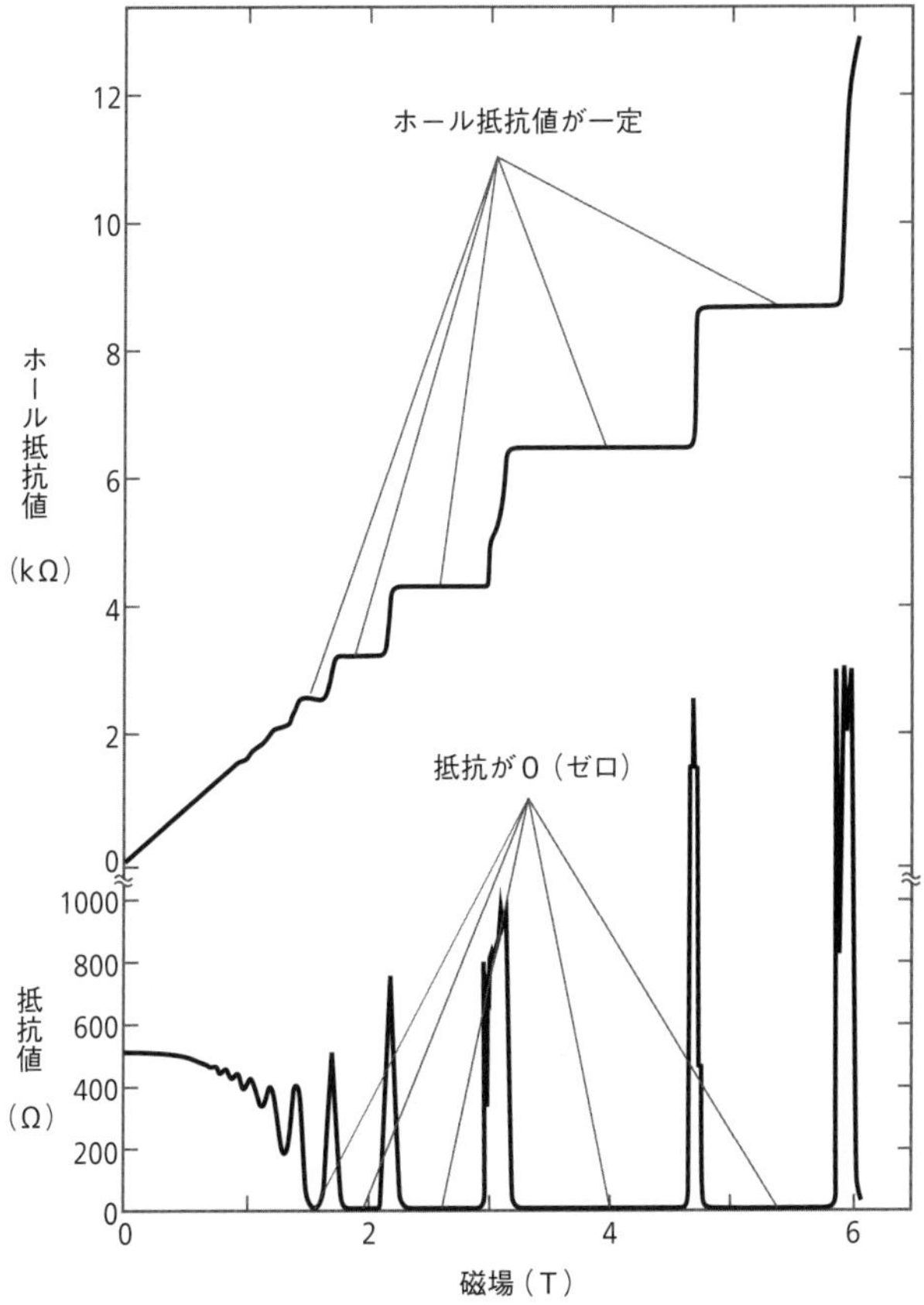

図6-3 量子ホール効果

2次元電子系に対して垂直方向に強い磁場をかけると、ホール抵抗が飛び飛びの一定値をとる(量子化される)。

THE QUANTIZED HALL EFFECT (Nobel lecture, December 9, 1985) by KLAUS von KLITZING et al. より作成

が流れようとしていた縦方向の抵抗がゼロになっています。そのときは電流が損失なく流れているということです。

量子ホール効果は2次元電子系のエッジに沿って一方向に流れる電子と深く関係しています。電子が一方通行しているこの状態は**カイラルエッジ状態**と呼ばれています。一方向にのみ流れることは、量子ホール効果には時間反転対称性がないということです。

この奇妙な現象にトポロジーの概念が関わってきます。

2016年のノーベル物理学賞は「トポロジカル相転移および物質のトポロジカル相の理論的発見」の業績で、デイビッド・サウレス、ジョン・コステリッツ、ダンカン・ハルデンの3名が受賞しました。トポロジーの概念が現代の物理学に欠かせなくなっていることを顕著に示した例といえます。しかし、「トポロジカル」と聞いても、多くの方はピンとこなかったのではないでしょうか。「トポロジカルって何？」――と、報道関係者も頭を抱えたことでしょう。

トポロジーの物理については、先駆的で重要な研究の積み重ねもありました。たとえば、日本の理論物理学者の甲元眞人博士の成果も有名です。量子ホール効果の実験から2年後となる1982年に発表された「トポロジカル量子数としてのホール伝導度」という理論の構築を果たした4人の研究者たちの一人が甲元博士で、その理論は彼らのイニシャルを並べて**TKNN理論**（サウレス・甲元・ナイチンゲール・デンニィス〈Thouless, Kohmoto, Nightingale, den Nijs〉理論）と呼ばれ、そこで導き出された公式は**TKNN公式**の名で知られています。この理論や公式によって、量子ホール効果のトポロジカルな側面の一端が数学的に示されることになりました。

しかし、その当時、TKNN公式は数学的すぎて、今ほどの関心を集めることはありませんでした。別々に発展してきた概念が、あるときトポロジーという一つの視点で綺麗に整理できることがわかってきたことで、近年、その重要性が強く認識されるようになったのです。

TKNN公式から、量子ホール効果を説明する**図6-4**のシンプルな式が導き出されます。

ここで、「e」は電子1個が持つ電荷で、「$-1.602176634\cdots\cdots\times10^{-19}$クーロン」。「$h$」は**プランク定数**といって、量子力学の基礎的な定数で、「$6.62607015\cdots\cdots\times10^{-34}$ジュール秒」。

$$\sigma = \frac{e^2}{h} \times \nu$$

ホール伝導度 ＝ 定数 × トポロジカル不変量

図6-4 量子ホール効果を説明する式

「ν」はトポロジカル数と呼ばれ、「穴が1個」「波のねじれが1回」のような決まり事で、穴が1・5個、ねじれが1・5回などということはありませんので、必ず整数になります。このトポロジカル数が必ず整数であるおかげで、磁場を強くしていったときに、抵抗値が飛び飛びの値で階段状になっていくという奇妙な現象が起こるわけです。この「ν」は、トポロジーでドーナツとコーヒーカップを「穴が一つ」として共通したものと考えたときのトポロジカル不変量＝「穴の数」と同じような考え方です。

絶縁体なのに表面は金属状態のトポロジカル絶縁体

2005年、チャールズ・L・ケインとユージン・J・メレは「内部は絶縁体であるにもかかわらず、表面はトポロジー的な理由で金属状態となっていて電流を流す物質が存在するはずだ」という理論を提唱し、支持されるようになります。

ことのきっかけは、物理で重要な時間反転対称性です。量子ホール効果で見られるようなトポロジカルな性質を持つ現象を示しながら、時間反転対称性を持つことは可能かどうかという疑問が出発点です。

量子ホール効果は外からかけている強い磁場により、（ローレンツ力による回転運動の向きが決まってしまうなど）時間反転対称性が破れています。そこで、アップスピンを持つ電子が量子ホール効果のように2次元系のエッジを流れている系と、それとは逆にダウンスピンを持つ電子が前者とは逆方向に流れている系と、二つの系があって、それらが合わさった状態を彼らは考えました。二つの系には磁場がかけられているわけではないのですが、スピン軌道相互作用をうまく使うと、そのような状態をつくることができます。

つまり、**図6－5**のように、スピン軌道相互作用のつくる「見かけの磁場」がアップスピンとダウンスピンで逆向きのとき、この磁場は相殺されているように見えつつ、アップスピンの電子とダウンスピンの電子が同じルートを逆方向に流れている状態をつくれます。このように逆向きのスピンが同じエッジの軌道を逆向きに流れる状態を**ヘリカルエッジ状態**と呼びます。それなら、ビデオで逆再生しても、同じ状態です。つまり、時間反転対象性が成立していることになります。

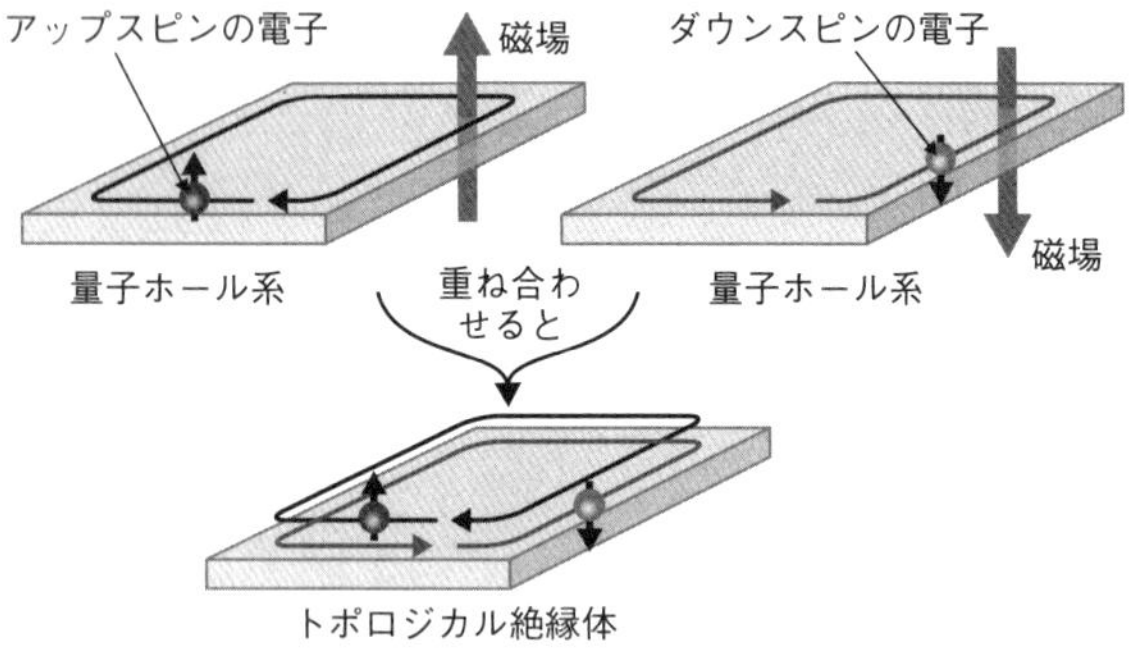

図6-5 トポロジカル絶縁体と時間反転対称性
アップスピンを持つ電子が量子ホール効果のように2次元の面のエッジを流れている系と、それとは逆にダウンスピンを持つ電子が前者とは逆方向に流れている系とが合わさった状態であれば、時間反転対称性が成り立つ。
『スピン流とトポロジカル絶縁体 量子物性とスピントロニクスの発展』（齊藤英治・村上修一 共立出版）をもとに作成

こうして理論的に考え出された2次元系は**量子スピンホール系**と呼ばれ、内部は絶縁体であるにもかかわらず、エッジは金属状態となっています。これは2次元の**トポロジカル絶縁体**とも呼ばれています。

電子のバンド構造が通常の絶縁体とはトポロジー的に違うことが、この名前の由来です。トポロジーの概念について説明することは難しく、量子力学の話になりますので、筆者はまずは学生にメビウスの輪を例に説明します。

結晶の電子状態を示すバンド構造に注目します。電子が詰まっている価電子帯と、電子の状態が空いている伝導帯からなり、その間にエネルギーギャップが開いていて、電子はこのギャップを乗り越えられない状態が絶縁体です。この価電子帯がトポロジーの意味でふつうではない（非自明な）状態になっています。ふつうの絶縁体の価電子帯を、紙テープを丸くして糊《のり》で留めて輪にしたような「表と裏の区別がつく」状態にたとえると、トポロジカル絶縁体の価電子帯は、メビウスの輪のように「1回ねじれていて、表と裏の区別がつかない」状態にたとえることができます。この「ねじれ」が1回あるかないかが、先ほどの例の「穴が一つ空いているか否か」に対応します。トポロジカル不変量は「ねじれが0」だと0、「ねじれが1」だと1という二つの数で表せます。この「ねじれ」については、空間的にねじれるわけではなく、電子の量子力学的な波としての性質におけるねじれです。ふつうの絶縁体とトポロジカル絶縁体は、価電子帯の量子力学的な状態が「トポロジカルに異なる絶縁体」なのです。

図6-6のように、トポロジカル絶縁体が真空に置かれているとき、真空はふつうの絶縁体と等しいので「ねじれ0のふつうの輪」、トポロジカル絶縁体は「ねじれ1のメビウスの輪」にたとえられます。両者の間で連続変形はできません。そこで面白い現象が起こります。両者の境界、つまりはトポロジカル絶縁体のエッジでは、輪が切れた状態ができて、それがつなぎ直されてしまうことに相当する現象が起こるのです。「輪が切れた状態」にたとえられるのは、バンドギャップがなくなった状態で、トポロジカル絶縁体はその表

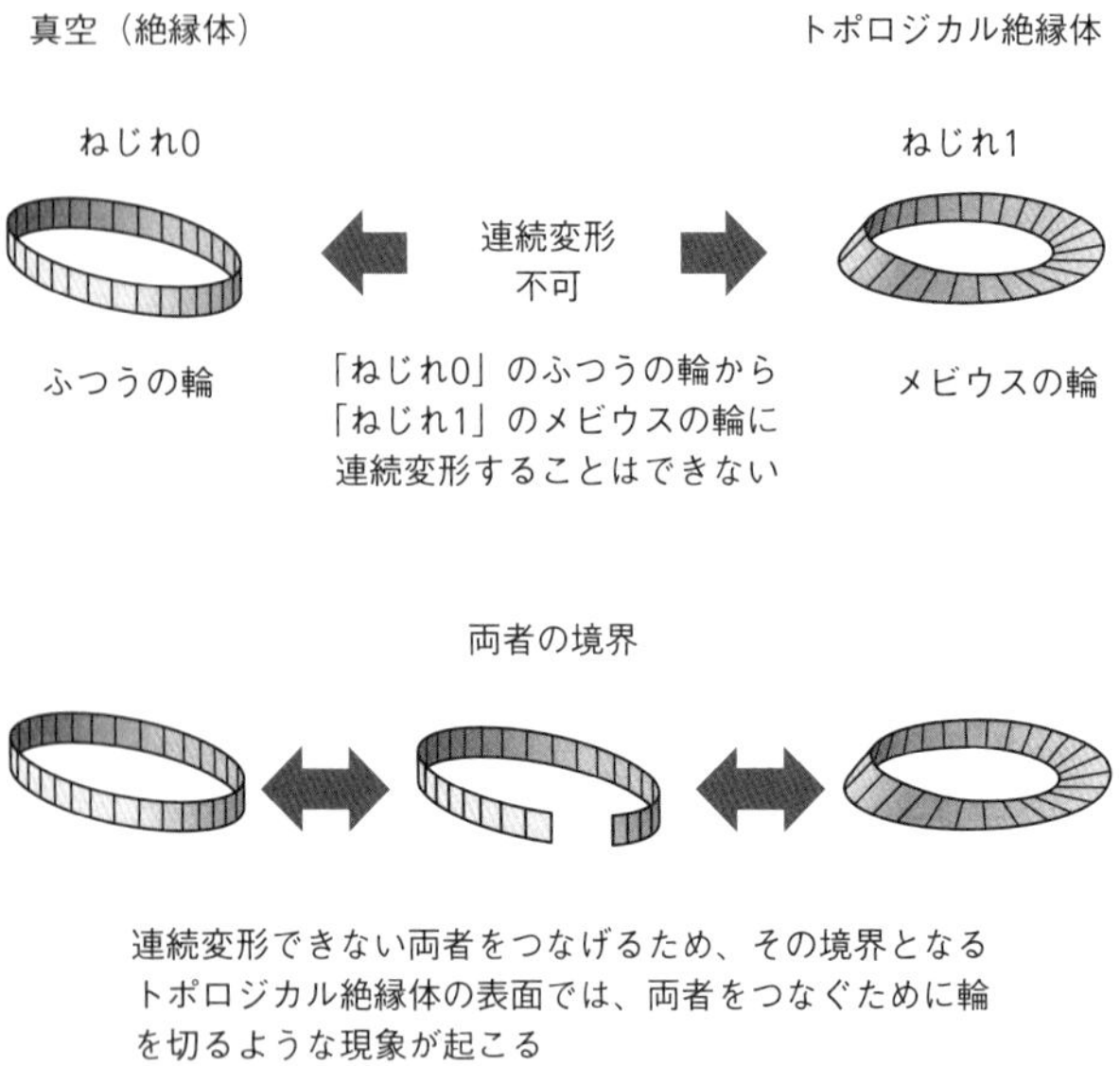
真空（絶縁体）
トポロジカル絶縁体
ねじれ0
ねじれ1
連続変形
不可
ふつうの輪
「ねじれ0」のふつうの輪から
「ねじれ1」のメビウスの輪に
連続変形することはできない
メビウスの輪
両者の境界
連続変形できない両者をつなげるため、その境界となる
トポロジカル絶縁体の表面では、両者をつなぐために輪
を切るような現象が起こる

図6-6 境界で起こること
通常の絶縁体の価電子帯の電子状態のトポロジーをリボンを丸めた輪のようなかたちでたとえると、トポロジカル絶縁体の価電子帯は1回ねじれたメビウスの輪にたとえられる。
両者はトポロジカルに異なるので、連続的に変形してつながるようなことはできないが、真空（あるいは通常の絶縁体）とトポロジカル絶縁体が接しているときには、輪が一度切れてつなぎ直されるような現象が起こる。それは絶縁体のギャップが閉じることに対応する。

面だけがバンドギャップの閉じた金属状態になります。実は、この金属状態が、先ほど述べたヘリカルエッジ状態に対応しているのです。

試料の端のヘリカルエッジ状態に外から電子を注入すると、エッジの電子はアップスピンとダウンスピンで逆向きの速度を持っているので、注入された電子がアップスピンの場合とダウンスピンの場合とでは逆の向きに電子は動いていきます。このとき、アップスピンの電子とダウンスピンの電子を注入する場合で逆向きの電流（電子の流れ）が発生し、互いに逆の符号の電圧を生じます。この性質を利用すると、アップ、ダウンどちらのスピンを持った電子が試料の端に入ってきたのかを、電圧の符号により知ることができます。つまり、この電圧を測ることでスピンの検出が可能になります。

検出だけでなく、この現象を利用することで、スピン流を電圧に変換して利用することもできます。しかも、ヘリカルエッジ状態では、アップスピンおよびダウンスピンを持つ電子は必ず互いに反対向きに進むので、非常に効率のよい変換ができる可能性があります。

このように、トポロジカル絶縁体などのトポロジカル物質はスピン流と電流電圧の間を効率よく変換することができるため、スピン流の利用において重要な役割を果たすことが期待されています。しかし、エネルギーギャップがしっかりと開いていて、実用性のある

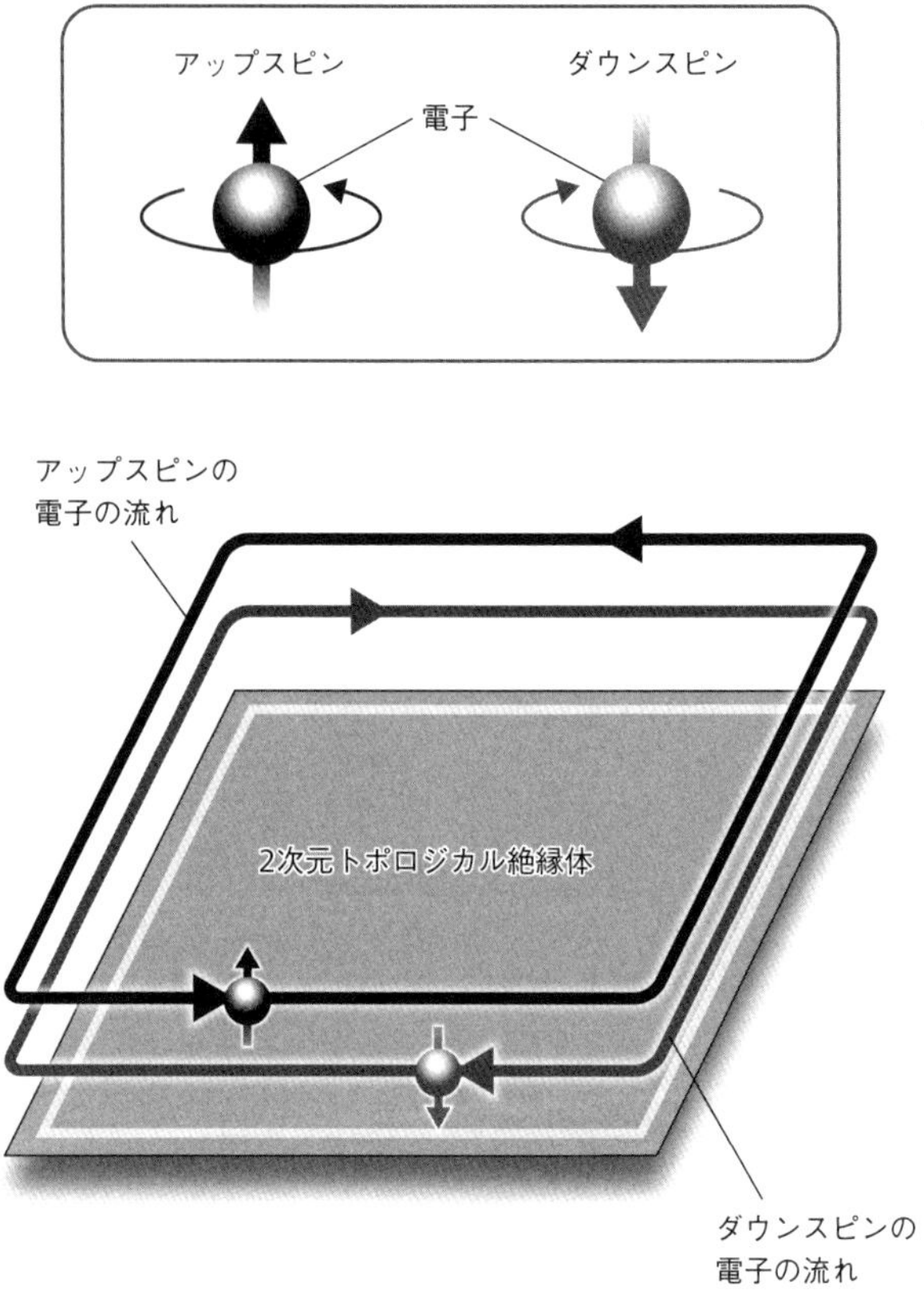

図6-7 2次元トポロジカル絶縁体

（2次元の）トポロジカル絶縁体の表面のエッジでは、スピン軌道相互作用によってアップスピンの電子とダウンスピンの電子が逆方向に流れている。このとき、電流は打ち消し合うため流れることはないが、アップスピンのスピン流とダウンスピンのスピン流は打ち消し合うことなく逆向きに流れる。

トポロジカル絶縁体をつくることはたいへん難しく、今も世界中で研究が行われています（図6－7）。

トポロジカル絶縁体の探索

量子ホール効果の場合は外部から強い磁場をかけますが、トポロジカル絶縁体を実現するためには、スピン軌道相互作用の大きな物質が必要であり、それは重い元素でなければならないと予想できます。重い元素は、原子核を構成する陽子と中性子の数が多く、陽子はプラスの電荷を持っているため、原子核が大きなプラス電荷を持つからです。では、具体的にどのような物質がトポロジカル絶縁体になるのでしょうか。

トポロジカル絶縁体の理論が提唱された2年後の２００７年になると、ドイツのヴュルツブルク大学のローレンス・W・モレンカンプ教授らにより、２次元トポロジカル絶縁体HgTe/CdTe（CdTe〈テルル化カドミウム〉にHgTe〈テルル化水銀〉がはさまれた試料）が見出されました。**図6－8**のように、中心部にはさまれたHgTeの厚みが6・5ナノメートル程度を超したとき、それまで絶縁体だったHgTe/CdTeがトポロジカル絶縁体になることがわかったのです。続く２００８年には、カリフォルニア工科大学のグループらにより3次元

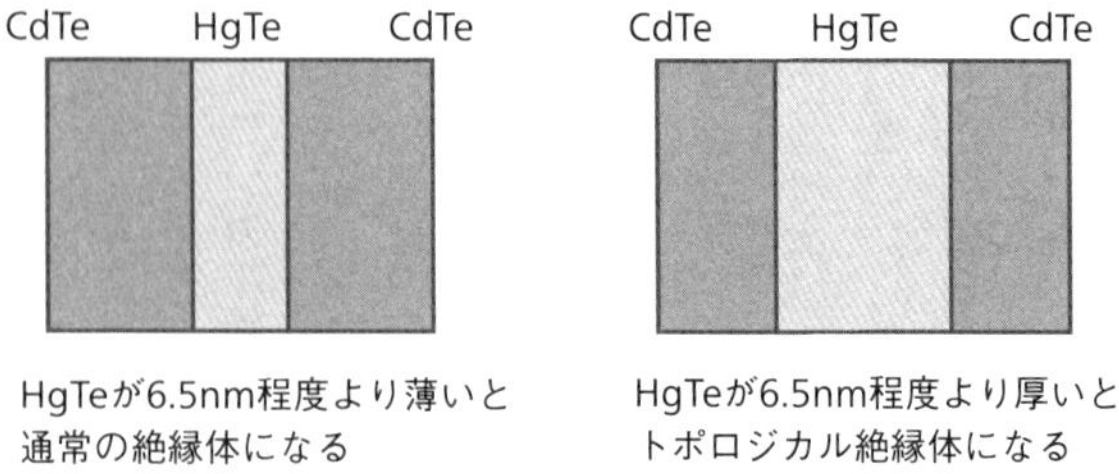
CdTe
HgTe
CdTe
CdTe
HgTe
CdTe
HgTeが6.5nm程度より薄いと
通常の絶縁体になる
HgTeが6.5nm程度より厚いと
トポロジカル絶縁体になる

図6-8 初めて確認された2次元トポロジカル絶縁体（量子スピンホール効果）
2007年、ドイツのヴュルツブルク大学のローレンス・W・モレンカンプ教授らの実験。CdTe（テルル化カドミウム）にHgTe（テルル化水銀）がはさまれた試料で、HgTeの厚みが6.5nm程度より厚くなったとき、それまでは絶縁体だったHgTe/CdTeがトポロジカル絶縁体になる。

トポロジカル絶縁体 Bi_2Se_3（Bi はビスマス、Se はセレン）が見出されるなど、トポロジカル絶縁体が単なる理論上の産物ではなく、実際に存在することが証明されました。

「マヨラナ粒子」は見つかるか

トポロジカル絶縁体が発見されると、さまざまなトポロジカル物質が注目されるようになります。中でも、トポロジカル絶縁体のときと同じように、理論的に予言されている**トポロジカル超伝導体**を発見しようと、世界中の研究者たちが躍起になっています。

超伝導は電気抵抗が0になり、電流が何も損失せずに流れる現象です。トポロジカル超伝導体は、その内部はメビウスの輪のような電子秩序状態を持つ超伝導体で、そのエッジや表面に**マヨラナ粒子**という未知の粒子（状態）が出現すると考えられています。

超伝導のもとでは、電子は**クーパー対**という2個一組のペアを組みます。ここで、クーパー対が無数にある状態に対して、電子を一つ付け加えても、一つ取り除いても、同じように「無数のクーパー対に、クーパー対を組まない電子が一つだけ加わった状態」がつくられることに注目します。これは、電子を一つ付け加える操作と一つ取り除く操作が、だいたい同じであることを意味しています。電子を一つ取り除く操作を、仮想的に電子の反粒子を付け加えることと見なしてしまうと、これらの電子と仮想的な反粒子は、ほぼ同じ状態に対応していると考えることもできます。「ほぼ同じ状態」なので、正確に同じではなく、これら電子と反粒子の間で異なるスピンを持つ可能性があります。しかし、たとえばクーパー対がアップスピンのみで構成されるなど、スピンの選択の余地がない状況をつくり出せると、これらの粒子は正確に同じ粒子になり、電子とその反粒子を同一視できるようになります。このように、粒子とその反粒子を同じと見なせることを**マヨラナ性**と呼びます。

トポロジカル超伝導体では、エッジ状態はマヨラナ性を持ちます。こうしたマヨラナ性を持つ粒子をマヨラナ粒子と呼びます。

マヨラナ粒子は、1937年にエットーレ・マヨラナ（1906〜?）によって提案された粒子です。一般に、物質を構成する粒子は、同じスピンと質量を持ちながら、プラス・マイナス逆の電荷を持つ**反粒子**が存在し、真空中の電子にも**陽電子**という反粒子が存在します。ところが、マヨラナ粒子は粒子でもあり反粒子でもあるという特殊な粒子です。

余談ですが、小柴昌俊東京大学特別栄誉教授（1926〜2020）らが初観測し、2002年にノーベル賞の受賞理由にもなった素粒子ニュートリノもマヨラナ粒子ではないかとする説もあります。

エットーレ・マヨラナは天才的な物理学者と称されながら、マヨラナ粒子の理論を発表した翌1938年、31歳のときに忽然《こつぜん》と失踪して、それ以来行方が知れません。シチリア島のパレルモからナポリへ向かう船上で目撃されたのを最後に、消息を絶ったといいます。この不可解な事件は、物理学の世界ではよく知られた話です。

物質中のマヨラナ粒子（状態）は、理論的には量子力学的な状態を安定に保持することができるとされています。この性質があれば、現在進んでいる量子コンピューターの開発で問題となっている「量子情報がとても壊れやすい」という難問をクリアできるかもしれません。

量子コンピューターは、微小な世界で起こる不思議な量子現象を利用する、今までのコンピューターとはまったく違う原理で動作するコンピューターです。ふつうのコンピューターでは、「0」か「1」のどちらかを表すビットという基本単位を使いますが、量子コンピューターでは、**量子ビット**といって、「0」でもあり「1」でもあるという量子力学特有の重ね合わせと呼ばれる状態を利用した基本単位を使います。一つの量子ビットで「0」と「1」の二つを同時に表すことができるので、たとえば、5量子ビットあれば、2×2×2×2×2の32通りを同時に表すことができ、従来のコンピューターで用いるビットとは次元の違う計算量をこなせるようになるわけです。

この量子ビットをつくる方法として考えられている候補の一つが、電子のスピンの向きです。量子力学が支配する微細な世界では、観測されたり、外部環境からの影響を受けたりしなければ、量子力学的重ね合わせによって、電子はアップスピンとダウンスピンの両方の状態を同時にとっているのです。アップスピンでもありダウンスピンでもあるという状態を、「0」でもあり「1」でもあるという量子ビットに利用するわけです。しかし、こうしてつくられる量子情報は、熱や電磁場の変動など、周囲からのちょっとしたノイズに影響されて簡単に壊れてしまうという問題を抱えています。一方で、このマヨラナ粒子には、2個のマヨラナ粒子を入れ換えると元の状態とは異なる状態に変化するという特殊な性質があり、入れ換える順番によって、さまざまな量子操作を実現できると期待されています。このような操作でつくられた量子状態はトポロジー的に守られており、外部からのノイズに対して強いとされています。大規模な量子コンピューターはこの方式でなければ実現できないのではないかという意見もあるほどです。

　マヨラナ粒子が発見されれば、実用的な量子コンピューターの実現が近づくかもしれません。そのために、研究者たちはトポロジカル超伝導体の開発を競い合っている状況です。

第7章　スピン流で新たな物理法則が拡がる

物理法則の階層

電気と磁気は、相対性理論によって結び付けることができます。それにより、等方的な系のスピン流について、「こういう現象があってはならない」「こういう現象があるはずだ」ということをある程度予想できます。筆者自身、その予測にもとづき、実験による実証も重ねてきました。

物理の実験を行う際には、複雑な現象を複雑なまま扱うのはたいへんなので、理論を活用することが賢明です。高校で習う物理の教科書には大量の数式が載っています。しかし、少し状況が変わるだけで変わってしまう数式と、何があっても絶対に変わらない普遍性の高い数式があります。そこの区別がきちんとついていることが大切です。たとえば、摩擦の式は、見ているエネルギースケールが少し変わるだけですぐに変わってしまう数式です。

一方、力は質量と加速度の積に等しいとする**運動方程式**は、力学の大原則です。数ある物理学の数式の中でも、特に光り輝いている最上位の数式の一つといえるでしょう。このように、物理学の数式には、エネルギースケールや普遍性という点で階層構造があるということを理解しておくことが重要です。

そうすれば、まだ発見されていない現象として、どのようなものがあるべきかを考える際に、上位の普遍的な概念を起点に掘り進めていくことができます。しかし、上位すぎるとかえってわからなくなってしまう場合もあります。たとえば、熱のようにイメージしにくい対象を上位の概念から考えようとしても、抽象的になりすぎる場合もあり、そのようなときは「原子や分子の振動である」というように下位の概念から出発して捉えていくと、理解を少し深めることができます。そうした下位の捉え方に慣れてきたところで、上位の抽象的な概念を考えようというのが常套《じょうとう》手段の一つです。

対称性の観点から保存則を見直す

本書では、ビデオ撮影して、それを逆再生したときに同じ現象が現れるかどうかを区別する時間反転対称性にたびたび触れてきました。こうした「対称性」という考え方は物理学において非常に重要な基本概念です。そして、対称性が成り立つのであれば、エネルギー保存則や運動量保存則、角運動量保存則などの「保存則」が現れます。

スピンは回転に関連する物理量であり、回転対称性とは切っても切り離せない関係にあります。**回転対称性**とは、世界のどの方向を見ても、あらゆる方向に対して同じ物理法則が成り立っているという要請です。数学的にいうと、x軸やy軸といった座標軸を設定するとき、どの向きに設定しても同じかたちの物理法則の式になるということです。

角運動量保存則についてイメージしやすいのは、フィギュアスケートの選手がくるくる回りながら腕の広がりを縮めていくと、回転が速くなる場面ではないでしょうか。角運動量というのは、およそ次のように表せます。

角運動量＝質量×回転半径の二乗×回転の速さ

ここで、角運動量は変わることがないとしておきましょう。質量（ここでは選手の腕の重さ）も変わりません。しかし、広げていた腕を縮めて腕の重心の回転半径が小さくなるのであれば、その分、回転の速さが大きくならなければ、この保存則は成り立たないことになります。

こうした保存則を**角運動量保存則**といいます。

しかし、フィギュアスケートの場合はメートルというマクロなスケールでの角運動量保存則です。対して、スピンはミクロなスケールで現れるものなので、今まではあまり気にすることではありませんでした。しかし、ナノテクノロジーも発達し、ナノメートルスケールの世界が視野に入った現在では、スピンの回転量を含めた角運動量保存則を考える必要があります。

そうした観点からスピン流によってつくられる物理法則を考えることができます。

実数と虚数からなる平面での回転

エレクトロニクスや電気製品などにも、**電荷保存則**（**チャージ保存則**）があります。これは、電線の一方の端から入れた電流が、もう一方の端から取り出せて、電荷の総量は永久に変わらないという法則です。この電荷保存則があるからこそ、電子回路は不都合なく稼働することができているわけです。

電荷保存則は量子力学を支える**波動関数**の言葉で理解することができます。この関数の値は**複素数**といって、実数の軸（実軸）と、「二乗するとマイナス1になる」虚数の軸（虚軸）からなる平面の中の「ある1点」で表されます。量子力学ではこの関数を指定することで、量子力学的な状態が指定されます。この点と原点を結ぶ線と実軸のなす角度（図7-1のθ）を位相と呼びます。私たちは虚数を実感することはできませんが、量子力学という不思議な世界の状態は、この複素数で表現しなければなりません。

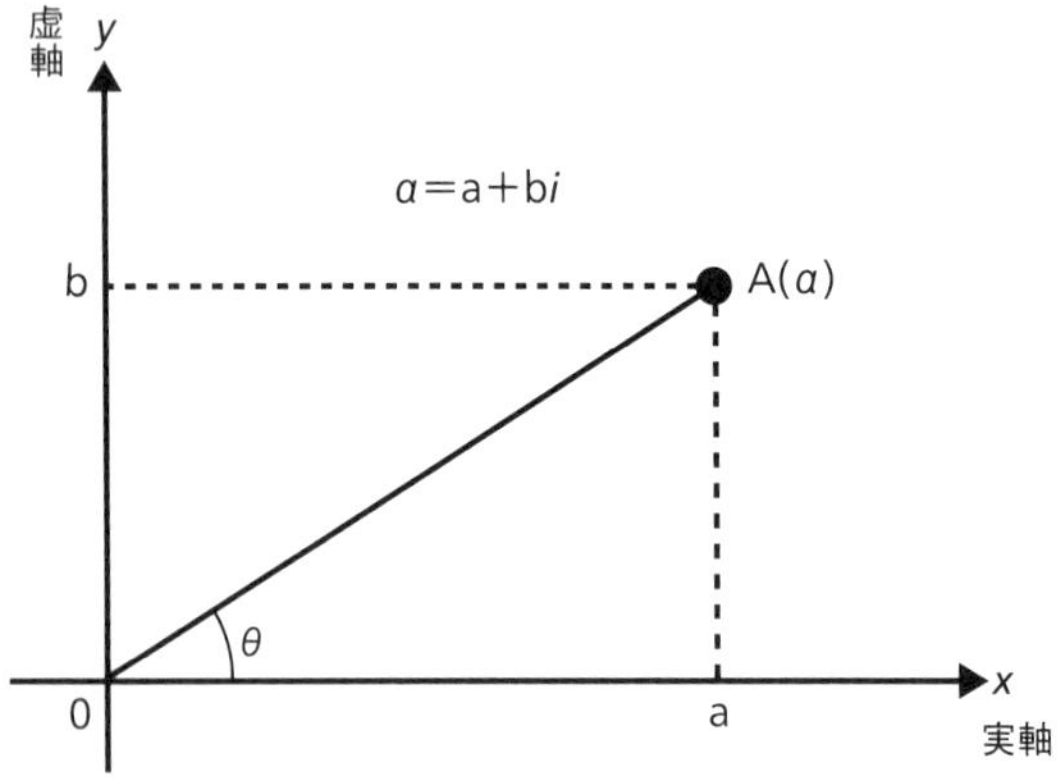

図7-1 複素数平面

波動関数は、実数と虚数からなる複素数に値を持つ関数ですが、実軸、虚軸をどの方向に設定するか（位相の原点をどう設定するか）は、人間が自然をどのように数学で表すかの選択の問題であり、複素数平面のどの方向に実軸、虚軸を設定してもよいはずです。別の言い方をするなら、複素数平面において、回転対称性があるともいえます。このような対称性を座標軸（ゲージ）のとり方に関する対称性という意味で、**ゲージ対称性**といいます。

実は、このようなゲージ対称性を仮定すると、電荷の保存則が導けてしまうのです。電荷保存則によって定義される電流という考え方も、本質的には波動関数の中の位相の回転によって物理が変わらないということが根本にあるのです。電流を流すと磁場がつくられ、逆に磁場が変化すると電場がつくられるファラデーの電磁誘導の法則について第3章で触れましたが、これもこの考え方を発展させることで理解できます。

物質の機能にも、さまざまな電磁気の法則が関わっています。たとえば、コンデンサーと呼ばれる素子に電流を流し込むと、流し込んだ電流に対応する電気がコンデンサーに溜まり、コンデンサーが充電されます。電荷保存則を考えると、流し込んだ電流の総量と同じ量の電気が溜まっているはずであり、流し込んだ電流の量を知っていれば、溜まっている電気の量が自動的にわかります。また、放電させて流れ出てくる電流を測れば、コンデンサーにどれくらいの電気が溜まっていたかを知ることができます。コンピューターの中の記憶素子として使われているDRAM（ダイナミック・ランダム・アクセス・メモリー）の中には、とても小さなコンデンサーがたくさん並んで入っていて、この一つひとつのコンデンサーが電気を蓄えているかどうかで、「0」「1」の情報を表現しています。このようなメモリーの動作を支えているのが、電荷保存則なのです。

同じように、実際の空間の回転対称性（空間のどの方向にx、y、z軸をとって数学的表現をつくっても、物理法則のかたちが変わらないということ）をスピンまで広げると、空間の回転とスピンには関係があるので、これによってスピン流の基礎物理法則の世界が導かれます。

たとえば、物質中の電磁現象の基礎方程式になっている物質中の電磁気学を考えてみましょう。これは現在のエレクトロニクスの分野をも支えるものではありますが、約150年前に確立されたものですので、スピン流に対する視点は含まれていません。電磁気学の法則の一つをなす電荷保存則は、複素数平面の位相の回転に関係していましたが、同じ回転でも空間の回転に対応するのは角運動量の保存則でした。角運動量保存則を物質の中で使うと、物体にスピン流を流し込むことで、物体の中の角運動量が変化します。物体の中で角運動量を担っているものとして、物体の回転運動や磁化などがあります。物体がしっかりと固定されていて回転しない場合、回転運動を変化させることは難しいのですが、磁化があれば磁化を反転させる（N極とS極の向きをひっくり返す）ことで物体が持つ角運動量を変えることができます。つまり、磁石にスピン流を流し込むと磁化の量や向きが変わる、という現象が期待できることになります。

電気の世界では電流を流し込むと電気の量が変わる（コンデンサーが充電される）ように、磁気の世界ではスピン流を流し込むと磁化の量が変わるのです。

この現象を利用すると磁石に情報を書き込むことができ、これはコンピューターのメモリーとして利用することができます。第2章で述べたMRAM（磁気抵抗ランダム・アクセス・メモリー）の中には、小さな磁石の対がたくさん並んでいます。磁石の対の一方は、スピン流を発生させるために使われ、電流を流すことで、もう一方の磁石にスピン流を注入することができます。スピン流の向きは、電流の向きによって変えることができ、電流の向きによってこの磁石の中の磁化の向きを変えることができます。ここで、たとえばこの磁化が上向きであるか下向きであるかによって、それぞれ「0」「1」のビットで表すと決めておけば、これでメモリーをつくることができるのです。このようなMRAMは、すでに実用化が進んでいます。

流体の基礎方程式がスピン流で変わる

私たちが体感できる実際の空間の回転と、スピンが持つ回転はどのように関係するのでしょうか。電磁気だけではなく、熱や光など、物理学が扱える領域はまだまだあります。それぞれの領域で、スピンやスピン流が未知の現象をもたらす可能性が考えられるので、対称性を軸にして従来の原理を見直していきましょう。

力学の領域でもスピンやスピン流を導入することで新しい世界が拓かれます。たとえば、

流体力学で広く使われてきた数式は**ナヴィエ・ストークス方程式**です。流体とは、空気や水、つまり気体や液体の流れのことで、流体力学はその運動を表現する力学です。ナヴィエ・ストークス方程式はその基本的な数式ですが、エネルギー保存則と運動量保存則からつくられているため、角運動量（回転量）は考えられていません。しかし、スピン流の拡散長（減衰長）以下のマイクロメートル（100万分の1メートル）スケールでは、角運動量のやりとりも考える必要があります。

スピン流を磁化のない流体に流し込み、このスピン流がどこかでなくなるようなことが起これば、なくなった角運動量（回転量）の分、流体を回しているはずだと考えられます。これによって角運動量保存則の帳尻が合うのです。たとえば、ごく微小な回転装置であれば、スピン流を注入することにより、回転装置が回るかもしれません。物体が自由に回転できるときには、物体が回転するはずです。たとえば、マイクロカンチレバーと呼ばれる小さな棒を磁石でつくり、これにスピン流を流し込むと、カンチレバーが振動することを実際に実験で確かめました（図7-2）。

ほかに回転しやすい物体というと、たとえば液体が考えられます。液体は、ほんの少し

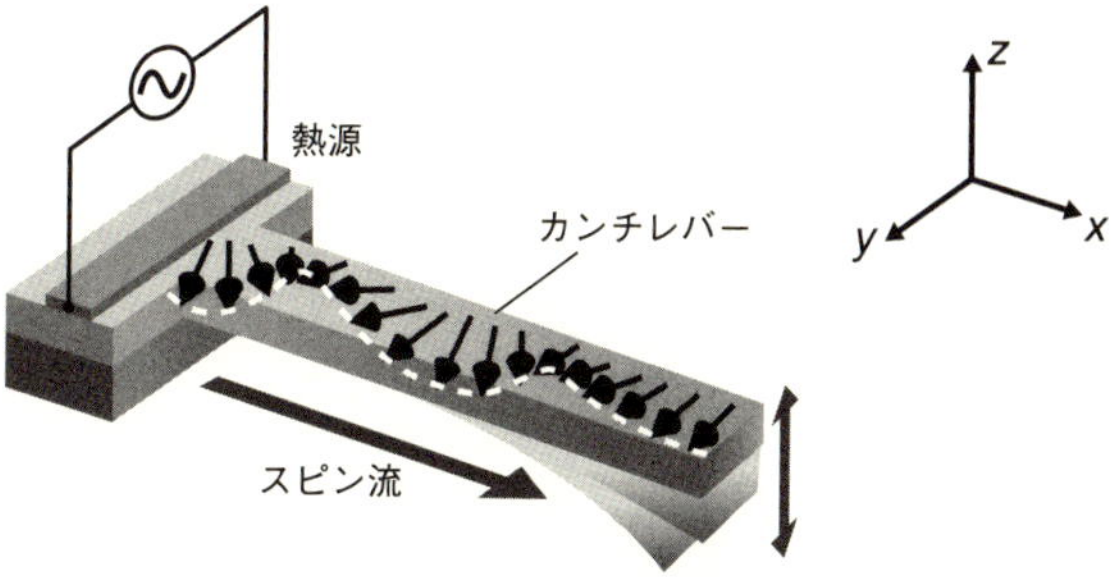

図7-2 スピン流がカンチレバーを動かす

YIG（イットリウム鉄ガーネット）で構成されるカンチレバーの根元部分に、白金からなる熱源を形成した。熱源に交流電流を加えて熱流を発生させると、スピンゼーベック効果によってカンチレバー先端方向（x方向）に向かってスピン流が流れ、カンチレバー先端を動かす（z方向）。これは、熱膨張や熱歪、磁歪とは区別できる。

東京大学 齊藤研究室HPより作成

の力で内部にいろいろな流れをつくることができます。流れの中には、回転をともなったものもあります。液体にスピン流を流し込んだときに何が起きるかを考えるには、流体力学の法則を角運動量の情報を含むように書き換える必要があるのです。

角運動量を含むように流体力学の法則を書き換え、さらにスピン流の伝搬の法則と連立方程式をつくると、スピン流と流体の運動を予言する方程式をつくることができます。これによると、液体にスピン流を流し込むと回転が生成され、流体中のある領域だけを回転させると、そこからスピン流が湧き出てくることが予言されます。

液体金属の流れから電気エネルギーを取り出す

そこで目を付けたのは、**液体金属**です。液体金属とは、比較的低い温度で液状になっている金属のことで、流体の一つです。液体金属は細い管の中を流れるとき、管の内壁と摩擦を起こします。このとき、液体金属の流れは管の中心では速く、管の内壁へ近づくほど遅くなります。この流速の差は管の内部に渦運動を起こすようになり、その渦運動は内壁側では大きく、中心に向かうほど小さくなります。そして、液体金属にはたくさんの自由電子が存在し、それぞれの電子にはスピンがあります。スピンは液体金属の渦運動と相互作用し、回転量をやりとりすると考えられます。具体的には、渦運動が強い管の内壁部から渦運動が弱い中心に向かってスピン流が生成され、それらが液体金属の中で逆スピンホール効果を起こし、液体金属の流れる方向に電圧が発生するはずなのです。

筆者は、この液体金属に水銀やガリウム合金（ガリウム、インジウム、スズによる合金）を選びました。どちらも電流、スピン流がともに流れ、なおかつ常温でも液状であるためです。これらの液体金属を直径400マイクロメートル（0・4ミリ）の石英でできた管に流す実験を行いました（図7-3）。

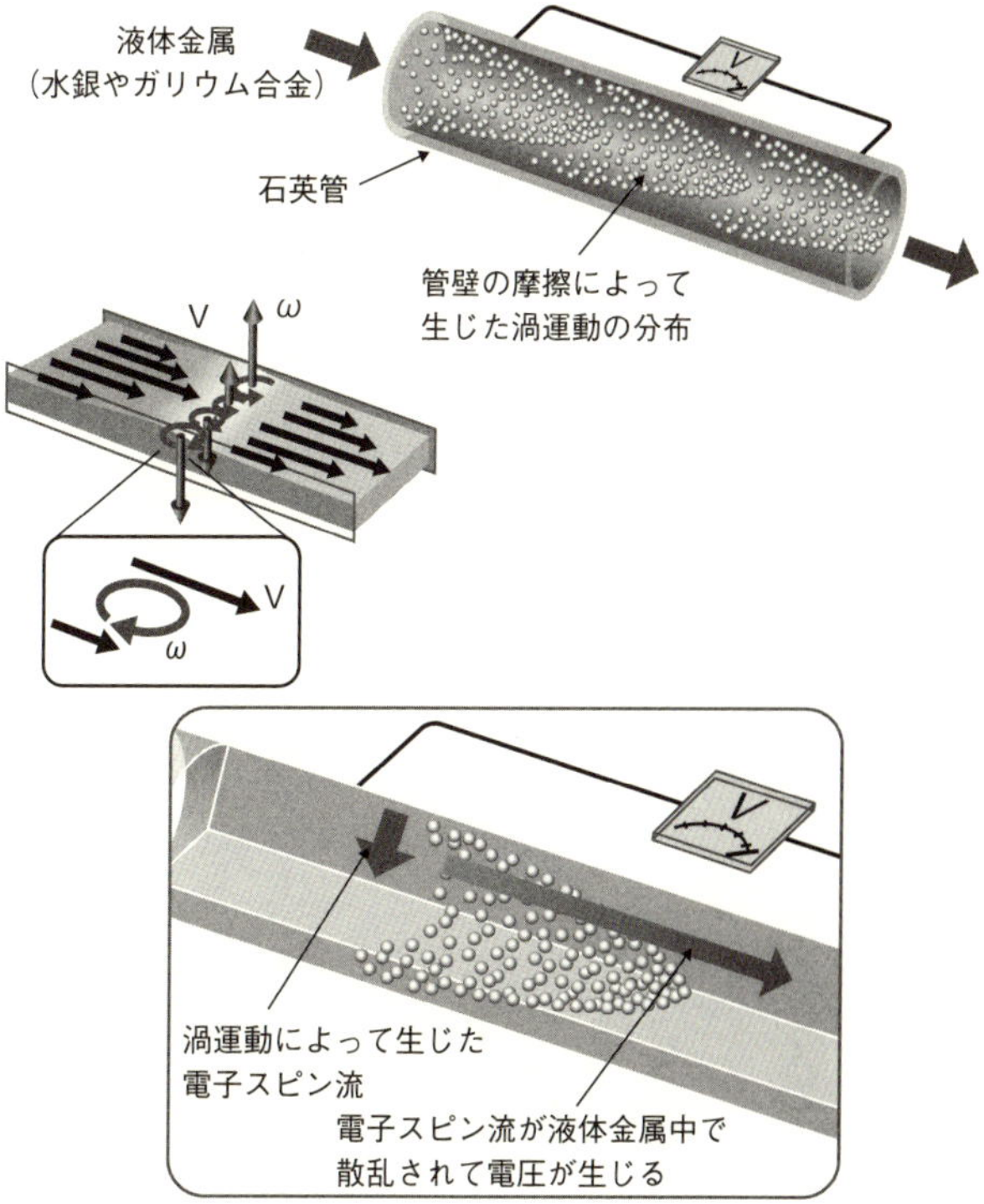

図7-3 実験の概要

直径400μmの石英の管に液体金属を流す。液体金属は管の内壁との摩擦があるため、液体金属の流れる速度は管の中心が最も速く、管の内壁に近づくほど遅くなる。こうして場所ごとに流速の差ができるため、渦運動が生じる。この渦運動は管の内壁に近いほど大きくなり、中心では0になるという分布が生じる。

この渦運動の分布によって液体金属中の電子のスピンが影響を受けて、管内壁から管中心に向かってスピンの流れ、つまりスピン流が流れる。

このスピン流は、逆スピンホール効果により、液体金属の流れている方向に電圧を生じさせる。

東京大学 齊藤研究室HPより作成

すると予想通り、微弱ながら100ナノボルト（1000万分の1ボルト）ほどの電圧が計測されたのです。液体金属を細い管に流すという、ただそれだけの方法で、スピンとスピン流に由来する電気エネルギーが得られるのです。言うなれば、液体金属の電子自身が発電機のタービンのように回転して、発電するようなものです。この成果は、スピンの科学がいかに有用であるかを示す大きなインパクトをもたらしました。

流体力学に隠れていた可能性

ナヴィエ・ストークス方程式にスピン流を導入すると、流体力学の法則に角運動量のやりとりを導入でき、これは新しい応用の可能性を示しています。たとえば、現在の発電所でどのように電気をつくっているかというと、

①お湯を沸かす
②その蒸気でタービンを回す
③タービンはコイルの中で磁石を回転させ、その磁界の変化によってファラデーの電磁誘導によりコイルに電圧が生じ、電流が流れる

というプロセスです。もし、電磁気学を使わず直接力学運動から電力をつくる原理が見つ

けられれば、発電設備も小型化できるかもしれません。

流体力学は、ミクロな物理からマクロになっても成立する部分だけを引き出したものといえます。つまり、1個1個の粒子を支配しているのはミクロな物理法則でありながら、それが複雑に絡み合ってマクロな物理現象をつくっているわけです。しかし、複雑だからといって、けっして訳がわからなくなっているのではなく、ミクロからマクロへスケールを段々広げていくと、そこにはさまざまな自由度が関与するわけですが、スケールを広げていったときに生き残る量と見えなくなる量とがあります。生き残る量にはいくつかの仕組みが関連していて、その一つは何かの保存則によって支えられているものです。たとえば、運動量保存則などです。

スピンの角運動量も条件次第でマクロに反映される可能性があります。ずっと使われてきた流体力学のような基礎的な物理法則もまた、スピン流の考えを導入していくと、新しい駆動技術に通じる原理が見出せるようになります。

ミクロのシステムへスピン流を導入

スピン流は角運動量を運んでいるので、角運動量保存則から、スピン流が消えたり発生したりする際には、必ず何か別の角運動量が発生したり消えたりします。近年、それがどのように変換され、伝わっているのかといった基礎的な学理もわかってきました。それにより、スピン流から力学的な運動を発生させたり、逆に、力学的な運動からスピン流を発生させたりできるようになってきています。

その結果、新たな分野として、**スピンメカニクス**が形成されつつあります。これは、微小な電気機械システムである**MEMS**（micro electro mechanical systems）にスピン流を取り入れたもので、もう一つのスピンの利用法といえます。平易にいえば、物体の運動とスピンをどう相互作用させるかという話です。液体金属の流れから電気エネルギーを取り出すこともちろん、スピントロニクスをさらに広げた新たな研究領域の創造です。

これまで、力学的な運動を発生させるためには、同じ電荷を持つもの同士は反発し、違う電荷を持つもの同士は引き合うというクーロン力などを使うしかなかったのですが、今や量子力学にもとづくスピン流の力だけで運動を発生させられるようになったのです。力学の基礎方程式がスピンの成分を含むようになったことで、スピン流を使って力学的な運動を制御できるようになってきました。マイクロメートル（100万分の1メートル）サイズの棒くらいであれば、スピン流を使って曲げることさえ可能になっています。

たとえば、人間の体内で駆動できるような小さな医療用のロボットをつくりたいというとき、体の外から体内のロボットへと配線するのはたいへん難しく、今までは小さなロボットに、さらに小さなバッテリーを仕込んだりしてきました。スピンを利用するのであれば、体の外からマイクロ波を照射するだけでスピン流が発生させられますし、そこから力学運動をつくり出すことができるかもしれません。

第8章　スピン流は社会をどう変えるか

情報分野でスピンが応用される

現在、我々が日々産み出し続けている膨大な量のデジタルデータは、最近では半導体メモリーチップを使ったＳＳＤ（ソリッド・ステート・ドライブ）もよく見かけるようになりましたが、多くは依然としてハードディスクに記録されています。ハードディスクへのデータの書き込みと読み取りにスピントロニクスが使われていることは、第２章で紹介した通りです。

今や情報技術の進展によって、人間が使っている情報量は大幅に増えていて、パソコンが家庭に普及する１９９０年代後半から比べて数万倍になっているともいわれています。今後、扱うデータの量はさらに増加の一途をたどり、従来の手段ではまかないきれなくなることは必至で、ここにスピンが貢献していくことは間違いないでしょう。特に、第２章で紹介したＭＲＡＭ（磁気抵抗ランダム・アクセス・メモリー）の次世代型、**スピンＭＲＡＭ**が不可欠な技術として使われていくことは間違いありません。従来のＭＲＡＭでは、巨大磁気抵抗効果による電気抵抗の大きさで「０」と「１」を表していますが、スピンＭＲＡＭは、スピン流が運ぶ角運動量やスピンの蓄積を使って磁化をひっくり返す技術を用いたメモリーです。ＭＲＡＭでは書き込み線に電流を流し、そこで生じる磁場を利用するために素子の集積化が難しく、高集積化するためには消費する電流も増大してしまいますが、スピンMRAMでは素子が微細化すれば消費電力も低減します。そのため、大容量と低消費電力を実現できます。

IoT社会とスピン流

将来的には、あらゆるデバイスや装置がインターネットに接続され、情報のやりとりができるような環境が実現すると考えられていて、**IoT**（internet of things **モノのインターネット**）と呼ばれています。IoTは、現状のようにごく限られた機器や場所だけにセンサーが設置されている状態ではなく、おびただしい数のセンサーを用意して、いたるところ、あらゆるものに設置し、膨大なデータを収集、解析していくという技術になります。現在は機械が壊れたり、建物に雨漏りが起きたりといった不具合が発生してから修理や補修をしています。しかし、あらゆるものにセンサーを設置して、常にセンシングしておくようなことが可能になれば、事前に異常の兆候を察知して、問題や事故を未然に防ぐことができるようになります。

また、工場などでは、機械にセンサーを設置しておくことで、機械の点検業務の負担を軽減できたり、人が検知できないほど小さな異常までも検知できたりするようになるでしょう。恩恵は私たち人間も同じように受けられます。定期検診や人間ドックのときだけ身体の状態を測定するのではなく、バイオセンサーを体に取り付けて、体表面の磁場や熱量などのデータを常時モニタリングしておくことで、私たちの健康管理の方法も劇的に変わるでしょう。さらには、センサーを通じて収集した大量のデータをＡＩ（人工知能）で解析することで、使用目的の多様性や精度は次第に向上していくことになります。

しかし、膨大な数のセンサーを動作させ、インターネットに接続するというＩｏＴを実装するためには、消費電力が少なく、あるいは自らエネルギーを生産できるような自律電源型のセンサーシステムが必要になるはずです。それを実現するためには、スピンを利用したセンサーは重要だと筆者は考えています。

ＩｏＴで特に重要なポイントとなるのは、センサー素子をできる限り安く大量に製造することです。その点で、スピン流を利用した素子の場合、基板に材料を塗布するだけでつくるようなことさえ視野に入っているため、製造コストを大幅に低く抑えることができる可能性があります。また、小型・軽量化はもちろん、スピン流は非常にわずかな環境変動にも影響されるため、超高感度な測定が可能になります。

この「超高感度」という長所は、人とコンピューターとの関係までも変えていくかもしれません。たとえば、**ブレイン・マシン・インターフェース**（**BMI** brain machine interface）のように、脳で考えるだけで、そのとき脳が産み出す信号を検出してロボットやコンピューターなどを操作するシステムが実用化されつつありますが、その役割をスピン流を使ったセンサーに担わせることで、人とコンピューターとのインタラクションがより円滑に行われるようになるかもしれません。

ダイヤモンドNVセンターの衝撃

昨今、従来観測することすらできなかったほどのわずかな磁場、電場、温度を、室温のもとで高感度に検出できる**量子センサー**が登場し、細胞の中のごく微細な動向までも追跡できるなど、注目されています。その代表的なものが**ダイヤモンドNVセンター**で、世界的規模で実用化に向けて動いています。

ダイヤモンドNVセンターとは、炭素原子（C：carbon）が正四面体状に規則正しく配列する結晶構造、つまりダイヤモンドの中に形成された特殊な「欠陥」のことです。この「欠陥」は、ダイヤモンドの結晶構造で見たとき、本来炭素原子があるべきところに、空

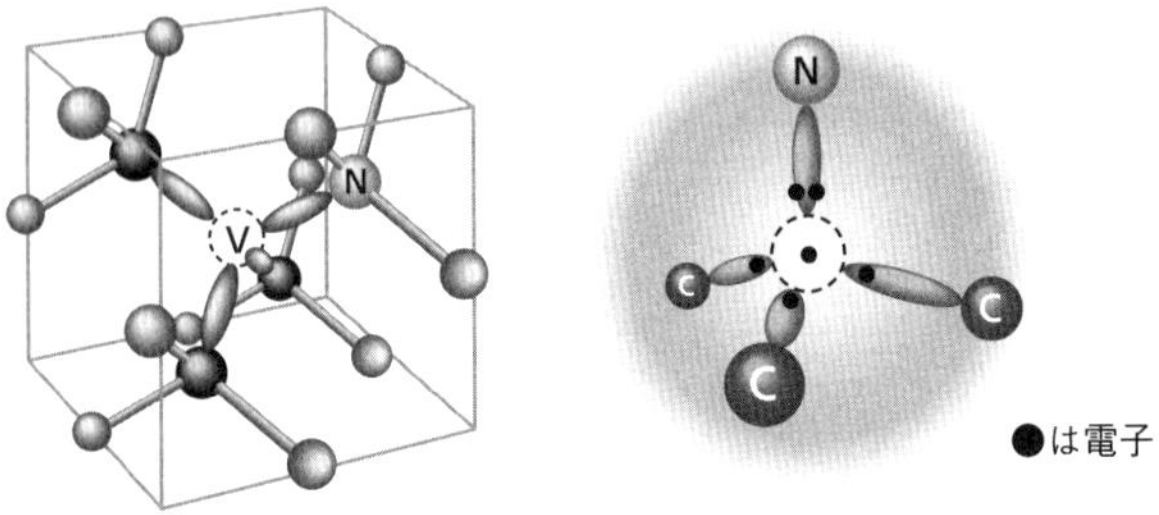

図8-1 ダイヤモンドNVセンター

左はダイヤモンドNVセンターの結晶構造。炭素（C）が規則正しく並ぶダイヤモンドの結晶構造の中に、炭素原子が1個抜けて空孔（V）となり、不純物である窒素（N）とこの空孔が結合した「欠陥」が形成された状態。
右はNVセンターの電子の状態。その中心に電子が1個捉えられている。

資料提供：京都大学 水落憲和

孔（V：vacancy）と、さらに不純物である窒素原子（N：nitrogen）とが結び付いて結合したものが置き換わっている状態の「欠陥」です（図8-1）。製造には、炭素を圧縮してダイヤモンドを合成する際に、窒素などの不純物をわずかに添加し、さらに電子線を照射するなどして、人工のダイヤモンドの中に「欠陥」を形成することができます。量子科学技術研究開発機構（QST）のグループなどでは窒素を加速してダイヤモンドに打ち込むような方法も用いています。

ダイヤモンドNVセンターの本格的な研究は1997年にドイツで始まりました。現在はドイツに加え、量子センサーとして活用するための研究がアメリカの研究グループをはじめ世界各国で進められています。論文数も加速度的に増え、日本でも国を挙げて推進している分野の一つとなっています。

このダイヤモンドNVセンターの特徴は、「欠陥」部分に電子を1個捕捉することと、この電子がとても性質のよい、周囲の電子や格子との相互作用の弱い綺麗なスピン状態をつくっていることです。このNVセンターに、たとえば532ナノメートルの波長を持つ緑色のレーザー光を照射すると、スピンの状態に応じて600〜800ナノメートルの波長の蛍光が発せられます。この波長の範囲は、多くは赤い光で、780ナノメートル以上は赤外線です。NVセンターの電子がレーザー光で励起され、それがもとに戻る過程で蛍光を発するのです。つまり、NVセンターにレーザー光を照射すると、そのレーザー光とは波長の異なる蛍光が発せられ、その光によってスピンの状態を読み取れるということです。

ここで重要なのは、NVセンターでは「1個のスピンだけがある」状態を測定できることです。現在、病院などで使われているMRI（核磁気共鳴画像診断）などは、体内に存在する膨大な核スピンからの信号を全体的に計測しています。膨大なスピンの集団は相互作用が複雑で磁場などの高感度測定は難しいのですが、1個のスピンであれば、非常に高感

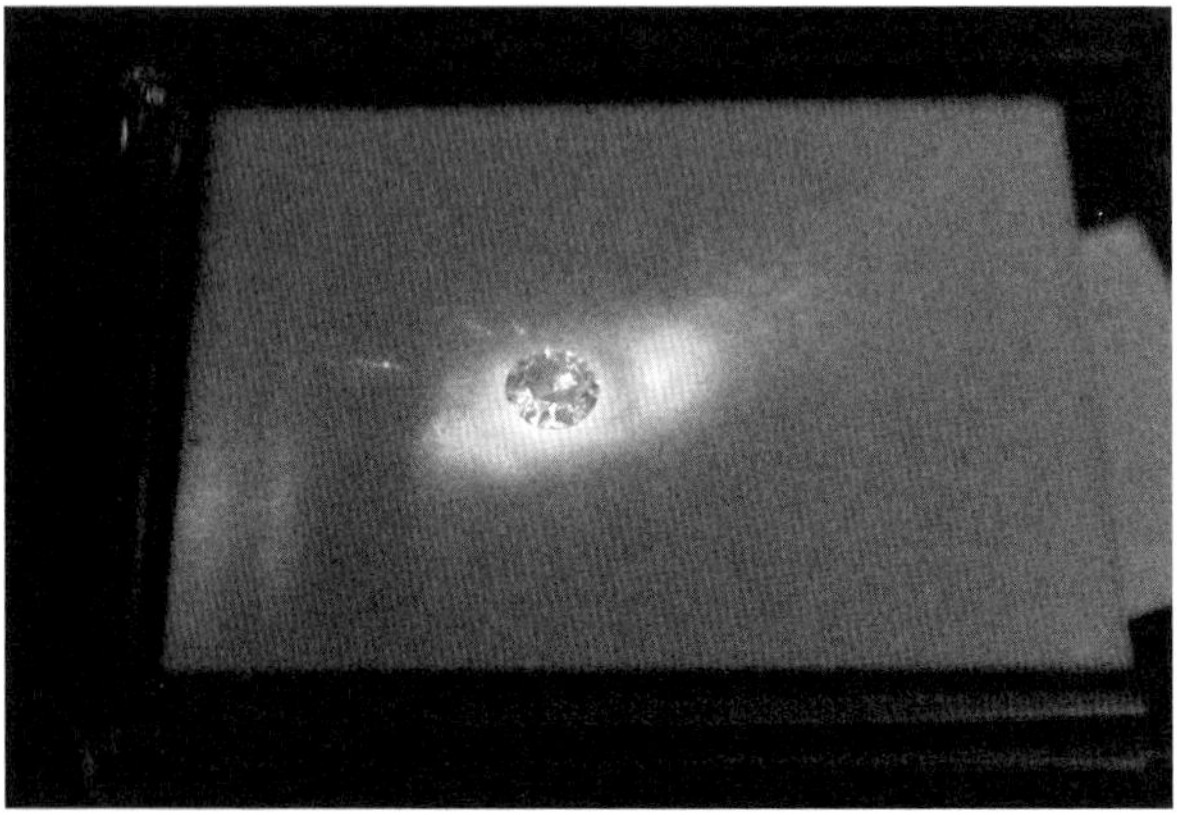

図8-2 ダイヤモンドNVセンターの発光
緑色のレーザー光を照射され、赤系のオレンジ色に発光している。
写真提供：京都大学 水落憲和

度な磁場センサーとして使えます。NVセンターの大きさは数オングストローム（Å＝100億分の1メートル）ほどなので、微小なセンサーとして用いれば、局所的な細かい領域も計測できるようになります。1個ずつの性質のよいスピンの量子的な情報を光で読み取れるという点から、これを量子ビットとして使うことで量子コンピューターへの応用ができるのではないかという動きもありましたが、まずは量子センサーとして利用され始めています。

「1個の電子、1個のスピン」という点を強調しましたが、1個のダイヤモンドに1個のNVセンターがあるというわけではありません。ダイヤモンドの中には、いくつものNV

センターが形成されます。しかし、照射する緑色のレーザー光の焦点を絞って、特定のNVセンターのスピンだけを励起させ、そこでスポット状に発光する赤色蛍光を顕微鏡で観測すれば、1個のNVセンターを観測することができるようになります。

このNVセンターの赤色蛍光の強度は、外部の磁場や電場、温度の影響を受けたスピンの状態に由来します。磁場の感度でいえば、フェムトテスラ（fT＝1000兆分の1テスラ）からアトテスラ（aT＝100京分の1テスラ）というレベルのわずかな磁場に反応するといわれています。たとえば、地球の地磁気が数十マイクロテスラ（μT＝100万分の1テスラ）程度です。生体もまた磁場をつくっていて、細胞そのものが呼吸しているときにも磁場をつくりますし、脳がものごとを考えているときにも磁場をつくります。たとえば、心臓で発生する磁場＝心磁はピコテスラ（pT＝1兆分の1テスラ）からナノテスラ（nT＝10億分の1テスラ）レベル、脳で発生する磁場＝脳磁はフェムトテスラのレベルですので、ダイヤモンドNVセンターを使う量子センサーは生体への応用が期待されています。フェムトテスラの磁場にも対応できるセンサーが実現すれば、脳の中の情報すら読み取れるでしょう。実際、ダイヤモンドNVセンターの研究が進むにしたがい、すでにバイオの領域での応用が始まっています。

NVセンターとスピン流

今のところ、ダイヤモンドNVセンターの読み取りには光が使われています。まず、NVセンターにある電子のスピンの状態を、いわゆる「初期状態」にしなければなりませんが、ここにも光が使われます。

レーザー光を照射するようなことをせず、NVセンターのスピンが安定している状態には、「0」「プラス1」「マイナス1」の三つがあります。NVセンターのスピンは光を使って「0」状態に初期化できます。

「0」の状態に緑色のレーザー光を照射すると、スピンはそのエネルギーを吸収して励起され、赤い蛍光を発することで、もとの基底状態「0」に落ち着きます。

「プラス1」と「マイナス1」の状態に緑色のレーザー光が照射されると、スピンはやはりそのエネルギーを吸収して励起するのですが、あるときは光を発して、もとの状態「プラス1」か「マイナス1」に戻る一方、あるときは赤い蛍光ではなく赤外線を発して、基底状態「0」になります。

つまり、「プラス1」と「マイナス1」の状態に緑色のレーザー光を照射し続ければ、スピンの状態を「0」にすることができるのです。そして、「プラス1」と「マイナス1」の状態の場合、励起して発する光の強度は「0」のときよりも弱くなるので、こうした強度の変化を読み取っていきます。

第3章のスピンポンピングのところでも触れましたが、スピンには、特定の周波数のマイクロ波を当てると共鳴する性質があり、その周波数を共鳴周波数といいます。「0」と「プラス1」のエネルギーの差に相当するマイクロ波を「0」の状態のスピンにある時間当てると、「プラス1」の状態になり、同じことは「0」と「マイナス1」の状態についても成り立ちます。そこへ緑色レーザー光を照射すれば、初期状態「0」のときに照射したときよりも蛍光の強度は弱くなります。

NVセンターが外部から磁場を受けると、「0」と「プラス1」、「0」と「マイナス1」のエネルギーの差が広がります。このとき、先ほどのマイクロ波の共鳴周波数も変わってくることになります。共鳴周波数は磁場だけでなく、電場や温度などの外的要因の変化によって変わってきますから、これを測定すれば、精密なセンサーが確立されるのです。

ダイヤモンドNVセンターは、まずレーザー光を使って初期化し、磁場などをセンシングした際に生じるスピンの状態変化にもとづく赤い蛍光の強度を読み取るわけです。一見すると、光だけで操作できるので便利ではあるのですが、固体素子の中にたくさんのNVセンターを配列させていきたいとなると、光でできることには限界がありそうです。動作にスピンが関わっている以上、スピン流が役立つかもしれません。

一般に、ある技術が誕生して、それが普及するかどうかは、周辺の基礎学理をどれくらい活用できるかにもよります。発見から四半世紀が経ち、NVセンターそのものの化学としての性質もかなりわかってきています。初期化や読み取りにスピン流を使いたいということで、今盛んに研究がされています。

量子コンピューターを後押しする

電子に限らず、原子核もスピンを持っていて、**核スピン**と呼ばれています。原子核は陽子と中性子からなり、陽子は電気的に電子とは逆の正電荷を持っています。核スピンもまた磁気モーメントを持ち、磁場をつくります。電子のスピンを使うスピントロニクスという分野に対して、核スピンを使った**核スピントロニクス**の研究も進められています。

核スピンの利点は、量子力学的な性質が非常に長い時間保たれやすいという点です。量子状態の保持というのは、外界とどれくらい相互作用するかによって決まってきます。陽子や中性子も、電子もスピン量子数はともに1／2なので、スピン角運動量はあまり差がないのですが、磁気モーメントで見ると核スピンのほうがはるかに少なく、1000分の1ほどしかありません。それゆえ、外界との相互作用があまりなく、量子力学的な性質が保たれやすいのです。一方の電子はというと、明確な磁気モーメントを持ち、N極とS極がしっかりつくられているため、外部からのノイズの影響を受けやすく、量子力学的な性質が壊れやすいのです。室温であっても環境から赤外線が発生していますし、常時そこらじゅうにあふれているさまざまなノイズと相互作用することで、電子スピンの量子情報はすぐになくなってしまいます。核スピンはこうした相互作用が比較的少ないので、量子状態が長持ちするといわれています。そうした特徴から、量子コンピューターの研究者の間でも核スピンは注目されています。

NVセンターは、この原子核のスピンにも結合します。NVセンターの近くには炭素や窒素の原子核があります。電子スピンとNVセンターの近くの原子核を相互作用させて、電子スピンと核スピンと両方があるような状態をつくれるのです。

ただし、逆にいうと、相互作用が少ないというのは操作もしにくいということです。たとえば、磁場をかけて核スピンの向きを揃えること、つまり核スピンを偏極させることは、室温のもとではほぼ不可能で、低温下であっても数%揃うかどうかというレベルです。そのため、核スピンを扱うときには、低温下と強い磁場を発生させる装置が欠かせません。

現在では、低温と強磁場を必要とする核スピンは、実験室での特殊な用途に限られています。将来どうなるかはわかりませんが、核スピンを室温で使う方法がないかといえば、そうでもありません。電子のスピンであれば、外部から磁場をかけるなどすれば、容易に向きを揃えることができます。そうしたスピンの向きの揃った電子、偏極した電子に特殊なマイクロ波などを照射することで、電子のスピンが原子核へ移り、核スピンの偏極率が高まることがあるのです。この手法は**DNP**（**ダイナミック・ニュークリア・ポーラライゼーション：動的核偏極法** dynamic nuclear polarization）と呼ばれていて、理論的には低温下で100%近い偏極も可能ですが、室温でも偏極に一役買います。より確実に核スピンの向きを揃えることができるようになれば、将来は室温でも核スピンを扱えるようになるかもしれません。

暗黒物質をスピンで観測できるか

天文学や宇宙物理学の知見から、この宇宙には未知の物質が大量に存在していることがわかりました。その物質は私たちが見たり感じたりできるものの5倍以上存在し、かつ宇宙の全エネルギーの1／4以上を占めるといわれています。その物質には「電荷を持たない」「質量を持つ」「安定である」の三つの性質があると推定されていて、**暗黒物質**（**ダークマター**）と呼ばれています。

「電荷を持たない」のは、私たちがその物質を通常の方法で捉えることができないからです。電荷を持たないものは、光などで見ることができません。そして、重力をつくっているので、「質量を持つはずだ」と考えられます。そして、宇宙の始まりから存在している以上、安定であることがわかります。

暗黒物質の候補はいくつか考えられています。その一つが**アキシオン**と呼ばれる、未発見の粒子です。アキシオンはもともと**量子色力学**（**QCD**　quantum chromodynamics）におけるCP対称性の問題を説明するために、現象論的に考えられた粒子です。量子色力学とは、原子核の中の「強い力」を説明しようとする理論です。

原子核スケールの世界にはCP対称性（charge conjugation parity symmetry）という対称性

があります。粒子には電荷だけが逆になっていて、それ以外の性質はほぼ同じという反粒子が存在します。一例をあげると、電荷がマイナスの電子に対しては電荷がプラスの陽電子があります。ある粒子を反粒子に置き換えたとき、それぞれの運動を鏡写しのように逆にすると同じ物理法則が成り立つとき、「CP対称性がある」といいます。粒子と反粒子が出会うと、**対消滅**といって、両者が消え、光などのエネルギーになってしまいます。宇宙の初期、宇宙がまだ超高エネルギーの状態にあった頃は、粒子とその反粒子は同じだけ存在し、対消滅や、逆にエネルギーから粒子と反粒子が生まれる**対生成**が繰り返されていたと考えられています。粒子と反粒子は厳密にはわずかに物理法則が異なり、そのせいで、宇宙の冷却に従って粒子が残ったとされ、これを**CP対称性の破れ**と呼んでいます。私たちはCP対称性が少しだけ破れた世界にいると考えられるのです。

しかし、実は量子色力学に従うと、CP対称性をあまりにも大きく破ってしまいます。この問題を解決するために現象論的に考案されたのが、「量子色力学のCP対称性の破れ(位相因子)を吸収する仮想粒子」の導入です。その仮想粒子がアキシオンです。

アキシオンは光とほとんど相互作用しないため、私たちは見ることができません。しかし、ある条件でとても強い電場と磁場があるときに限り、相互作用をするという特殊な性質を持つと考えられています。その存在が期待されている粒子ではありますが、まだ発見にはいたっていません。

アキシオンがあれば、どのように検出できるか

アキシオンを検出するためには、きわめて精密な測定手段が必要になります。非常に微弱な相互作用しか起こさないアキシオンを観測するためには、きわめて敏感な測定を行えることと、たとえば固体中で強い電場と強い磁場があるという特殊な環境をつくれる、という条件が必須です。固体中での微弱な磁気相互作用を測定するのであれば、先に触れたダイヤモンドNVセンターが有力なセンサーになるかもしれません。筆者たちはスピン流を利用してアキシオンを観測しようともしています。超伝導の中で生じる超伝導渦を考えると、ある条件で理論的にはアキシオンと相互作用する可能性があるので、この相互作用をもとにアキシオンを観測しようとする研究も視野に入れています。

理論上考えられているアキシオンは、おそらく質量を持っています。大量に集まれば重力源になり得ますし、電磁波との相互作用がないことから見ることができないであろう点もまた暗黒物質の想定条件と共通します。

私たちがまだ知らない「見えない粒子」がありそうだということは、私たちが知っている電磁気学などの物理法則では、その現象を十分に理解することができないということです。当たり前のように使ってきた観測手段とは違う新しい物理現象を探し当て、理解し、積極的に利用していくことで、現在の物理学が抱えている疑問や未発見の粒子の問題などが氷解していく可能性が高まるでしょう。今までの科学技術の発展がそうであったように、問題を乗り越えて獲得した新しい知見は、解決できないいろいろな問題に向けて利用され、役立てられていくのではないでしょうか。

スピンをめぐる二つのキーワード

本書の最後に、スピンをめぐる昨今のトレンド「スピンと量子情報」「スピンとＡＩ」について、少しだけ触れておきます。

スピン流の物理はまだ始まったばかりですが、急速に広がり、今では物質に関する物理全体に浸透し、当たり前に使われるようになっています。

スピンやスピン流を利用すれば、劇的に消費電力が低く、かつ高効率のコンピューターが実現する可能性があることは、当初から視野に入っていました。実用化へ向けた研究の流れは途切れることなく、より高密度で書き込みも読み出しも速いメモリー、エネルギー変換効率のよい熱発電や光発電の装置をつくろうとする研究も盛んです。スピン流は新しい科学技術の萌芽《ほうが》となり、次のフェーズを拓いていくことでしょう。

中でも一つ重要な流れが量子情報との融合です。スピン自体がもともと量子的なものではありますが、あえて言うなら「人間がフルに使える量子」ということでしょうか。

私たちが今まで向き合ってきた「量子物理」は、「ある物質の性質や、ある現象を説明するときに量子力学を使うと説明や理解ができる」という、理解のツールとしての存在でした。スピンという概念もまた相対論的量子力学によってきちんと説明された経緯があります。しかし、今ではナノテクノロジーの進展で、量子そのものを人間がより積極的に使えるようになってきました。

量子をより深く使えるようになったとき、面倒なのは、量子には「観測」という概念が付きまとうことです。それ以前の古典物理学では「この世界には物理法則があり、ものごとはその物理法則に沿って進んでいて、それを客観的に見て観測することによって人が世界を知る」という考え方をしてきました。しかし、量子力学が示したことは、「客観的な実在はない」という真実です。観測を行って初めて存在や状態が本質的に決まるというのです。筆者が大学で量子力学を習った頃は、この部分は「なぜ、こうなっているのか？」などという疑問があったとしても「そこを考えてもいいことはない」と言われていました。「自然がそうなっているのだから仕方がなく、深く考えても意味がないことだ」という位置づけでした。

量子力学では、観測するまでは物がそこにあるのかどうかはわからず、見た瞬間に「ある」か「ない」かが本質的に決定されます。「見る瞬間まで知らなかっただけ」ということではなく、「実在という概念がつくれない」ということです。アインシュタインでさえ「そんなことが本当にあると思っているのですか？」と反論せずにいられなかったほど奇妙で、当時の物理学者たちもなかなか信じられませんでした。それが現在では単なる理論だけではなく、直接実験できてしまうようになり、このような不思議な性質を利用して情報処理を行うのが量子コンピューターです。

現在開発競争の只中《ただなか》にある量子コンピューターにおいても、スピンは重要な研究対象になっています。量子コンピューターのさまざまな方式が考案され、超伝導回路の状態を量子ビットにする方式、光子や冷却した原子の状態を量子ビットにする方式などがあり、日本ではエレクトロニクスとの相性がいい超伝導回路を使うタイプがよく研究されています。

一方で、スピンを量子ビットに使う方式も、高い量子ビット密度を実現できることから期待されています。超伝導量子ビットは大きくならざるを得ません。大きいといっても1マイクロメートル程度ですが、原理的にそれより小さくすることが難しいことがわかっています。これに対して、スピンは集積化による回路の小型化ができるのです。

もう一つ進んでいるのは、スピンを**AI**（artificial intelligence **人工知能**）に活用する動きです。たとえば、筆者のグループではスピン系でのアイデアを活用し、「最適化をしないAI」も研究しています。多くのAIは**ニューラルネットワーク**の最適化アルゴリズムを使って誤差を最小に抑え込むようにつくられています。まさに、最適化こそが学習であるという「最適化マシーン」といえます。このニューラルネットワークは「脳の神経ネットワークに似せて情報処理を行う数理モデル」といわれることがありますが、脳はこのような狭い意味での最適化を直接行っているようには見えません。我々は、スピンを使って、「最適化」をしなくても学習できるある種のニューラルネットワークを構築することも考えています。

実は、AIや機械学習の源流の一つは、スピンの物理の研究なのです。**スピングラス理**

論という、「磁性」と「数理統計学」が合わさったような領域があります。磁性を持たない金属に磁性原子を少しだけ混ぜたスピングラスという弱い磁性体を対象にした理論です。スピングラスは、磁性をつくる原子やイオンが、それぞれスピンの向きがガラスのようにバラバラになった状態で固定されており、近くのスピン同士が複雑に相互作用しています。ランダムに配置されたスピンとスピンの間に力が働いている様子は、脳の神経細胞と神経細胞が活性化したり抑制したりする様子に似ていると解釈できるわけです。これを原点の一つとして人工ニューラルネットワークの概念がつくられたという経緯があります。

神経細胞が活性（発火）・不活性の二つの状態をとるように、スピンにはアップスピンとダウンスピンがあって、それぞれを逆向きの矢印で表現しています。こうした二つの状態をとる系を物理として記述する一番シンプルなものがスピンであり、人間の脳や情報の表現の重要部分をスピン物理の枠組みでつくれてしまうのです。

「脳のようなＡＩをつくる」は、興味深い問題設定ではあります。しかし筆者は、ＡＩは脳だけを目指す必要はないと考えています。ＡＩ技術は脳を出発点にして、あるところは取り入れ、あるところは参考にして発展してきました。一方で、人間の脳をも超えるＡＩも近いうちにできるでしょう。かつて人は、鳥がどうやって空を飛んでいるのか、その仕組みを考えて、さまざまな「空を飛ぶための道具」をつくってきました。そして、わずかな時間で飛行機を開発し、一気に鳥の飛行能力を超えてしまったことはご承知の通りです。自然からヒントをもらいながら、まったく違う仕組みで目標を超える手段を手に入れてしまったわけです。

スピンやスピン流は、これから新しい研究トピックスや技術革新で次々と話題をつくっていくことでしょう。その一連の動向の中で、これからますます重要になっていくキーワードが「スピンと量子情報」、「スピンとＡＩ」だと思います。

おわりに

科学の研究には「発見」の喜びがあります。研究成果によって直接社会に貢献できれば、それ以上のことはありませんが、「自然現象の大部分はまだよくわかっていない」という前提を知ることが第一歩です。科学者は多くの物理法則を確立してきましたが、「この法則があるのはなぜか」を自分自身で問うことも重要です。

研究を進めていくと、ときに「世界はこうなっているのか！」と理解が広がる決定的な瞬間があります。それは、この世界で、誰も知らない、理解していないものを、自分だけが見つけて、理解した瞬間です。この至福の瞬間があるからこそ、科学者は研究をやめることができないのです。

世の中にこんなに面白いことはないと思うくらいなので、若い方々には、是非この楽しみを味わってもらいたいと思います。

個々の知識には賞味期限のあるものも多く、最先端のテクノロジーもすぐに陳腐化してしまうものです。テクノロジーに関わる研究者やエンジニアは、定期的に最先端の知識を学び直す必要があるのですが、近頃は学術の進展が速く、頻繁に学び直しを求められるのが悩みです。一方で、物理学は全ての科学の根源になっており、きわめて普遍的です。一度深く理解すれば、一生使い続けてゆくことができます。新しいテクノロジーも、その多くは物理に立脚しているので、わからなくなったら根源である物理学に立ち戻ればよいのです。物理学から、多くの新しい学術の体系がつくられてきました。本書では、スピントロニクスを例として、この流れの一端を皆様と共有しました。将来、皆様も不思議な現象や、全体像がわからないテクノロジーに出くわすことがあるかもしれません。そこで多くの人が悩んでいたら、物理学の出番です。原理に立ち戻ると、複雑な事項も見通しがよくなり、霧が晴れるように学問の全体像が姿を現すことが多いのです。この瞬間は、本当に興奮する楽しい瞬間です。是非、多くの人にこの経験をしてもらいたいと思います。

科学のセンスや研究手法を身につけられれば、新たな科学を自ら創出できる可能性が高まります。研究はシナリオのないストーリーで、混沌《こんとん》とした中で徐々に何かがわかってきたり、思いがけない発見をしたりするものです。研究者になるための最も重要な資質は、実のところ、この混沌とした状態を楽しめるかどうかなのかもしれません。

[英字]

[な行]

[は行]

[ま・や・ら行]

[た行]

索引

[あ行]

[か行]

[さ行]

編集協力　小峰和徳
図版作成　株式会社プロマック
企画協力　山田久美

齊藤英治《さいとうえいじ》

東京大学大学院工学系研究科物理工学専攻教授。一九七一年、東京都生まれ。博士（工学）。東京大学工学部物理工学科卒業、同大学院工学系研究科物理工学専攻博士課程修了。慶應義塾大学理工学部物理学科助手などを経て、二〇〇九年、東北大学金属材料研究所教授、一八年から現職。日本学術振興会賞（一一年）、日本学士院賞（二二年）など多くの賞を受賞。一四年から科学技術振興機構「戦略的創造研究推進事業 総括実施型研究（ＥＲＡＴＯ）」研究総括。著書に『スピン流とトポロジカル絶縁体』（共著 共立出版 二〇一四年）など。

スピン流《りゅう》は科学《かがく》を書《か》き換《か》える

インターナショナル新書一五〇

二〇二四年一二月一一日 第一刷発行

著者 齊藤英治《さいとうえいじ》
発行者 岩瀬 朗
発行所 株式会社 集英社インターナショナル
〒一〇一-〇〇六四 東京都千代田区神田猿楽町一-五-一八
電話 〇三-五二一一-二六三〇
発売所 株式会社 集英社
〒一〇一-八〇五〇 東京都千代田区一ツ橋二-五-一〇
電話 〇三-三二三〇-六〇八〇(読者係)
〇三-三二三〇-六三九三(販売部)書店専用
装幀 アルビレオ
印刷所 大日本印刷株式会社
製本所 大日本印刷株式会社

 ISBN978-4-7976-8150-5 C0242
定価はカバーに表示してあります。